KB181252

엄마가 그랬다면
이유가 있었을 거야

———

생강차

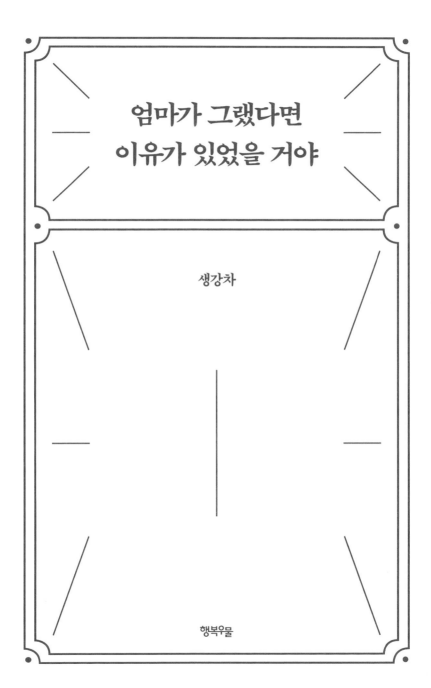

엄마가 그랬다면
이유가 있었을 거야

생강차

행복우물

엄마는 상처받은 치유자다

저자 고은혜는 MBTI가 이효리와 같은 ENFP다. 그녀는 선천적으로 밝고 열정적이며 예술적인 기질을 갖고 있다. 그런 그녀지만 사회생활과 결혼, 출산과 양육 과정을 통해 우울증과 번아웃을 경험하였다. 자신의 심리적 문제인데 그걸 모르고 자신이 좋은 엄마인 줄 착각하며, 남편과 자녀에게 문제를 전가하며 갈등으로 점철된 시간을 보냈다. 그러던 어느 날 초등학교 딸의 분노를 목격하면서 각성을 하게 되었고 그녀만의 기나긴 셀프 치유 여정을 시작하게 된다. 5년간의 독서와 수행을 통해 수많은 시행착오를 겪으면서 그녀는 자신에 대한 근본적인 이해를 하게 되었고 평온한 일상을 유지하게 되었다. 그녀를 처음 만났을 때 그녀는 성숙한 소녀같았다. 그녀는 주어진 상황을 받아들이며 행복한 미소를 지었다. 행복이란 쾌적한 상태의 중단 없는 지속이 아니라 괴로움이 없는 평안한 상태를 말한다.

이 책은 자신의 내면에 대한 탐험의 기록이며, 다양한 치유법을 스스로 적용해 본 임상실험보고서이기도 하다. 엄마 스스로 자신의 마음을 다스리고 치유할 수 있는 셀프 처방전이 3교시 수업 형태로 친절하게 담겨 있다. '내 안의 나'를 치유해 관계회복을 이끈 놀이, '새로운 나'를 일으켜 생기발랄한 일상을 만든 놀이, '또 다른 나'를 깨워 도전하는 놀이를 재미있고 솔직하게 소개한다. 그녀는 치유를 즐거운 놀이로 풀어냈다. 이것이 이 책의 차별적 매력이다.

과연 마음을 스스로 치유할 수 있을까? 그동안 마음은 감각되지 않기에 믿음의 영역에 더 가까웠다. 마음의 치유란 마음의 불편을 초래하는 비합리적인 행동 패턴을 알아차리고, 특정한 치유를 통해 그것을 변형하는 것이다. '세 살 버릇 여든 간다'는 속담처럼 어릴 적에 고착된 습관은 평생 간다. 그것은 유전일 수도 있고 어릴 적 초기 경험에 의해 형성된 성격일 수도 있지만 어느 것이든 뇌의 구조와 기능이 습관이나 패턴으로 발현된다. 그러므로 마음 상처의 원인을 깨닫고 지속적인 수련을 통해 습관을 바꿔준다면 치유는 가능하다. 우리는 모두 치유적 본능을 갖고 있으며 특히 모성애를 가진 엄마는 더 그렇다. 그것이 치유를 가능케 하는 원천이다.

　그녀의 별명은 생강차다. 생강차는 맛의 개성이 강하지만 몸을 따뜻하게 덥혀주고 기운을 생동하게 한다. 이 책은 그런 생강차를 닮았다. 오늘 나는 그녀가 보내준 생강차를 마시며 이 책을 읽는다. 이 책은 엄마를 위한 셀프 치유서지만 호기심을 불러일으키는 이야기와 문장들로 가득하다. 오래 두고 야금야금 아끼면서 읽고 싶다.

　이 책을 한마디로 말한다면 나는 이렇게 말하겠다.
　'문학적 향기가 나는 엄마 마음 치유서'

- 오병곤, 더자기(The Self) 연구소 대표,
'스마트 라이팅(Smart Writing)' 저자

나의 가장 훌륭한 주치의는 나 자신이지요

"엄마, 제 마음 안에 화 같은 게 가득 차 있어서 어떻게 해야 할지 모르겠어요. 반 아이들이 건드려서 화 한 방울이 제 마음에 있는 유리병에 떨어지면 화가 넘쳐흘러서 친구들에게 막 화를 내버려요. 친구들하고도 잘 지내지 못하는 제 자신이 너무 멍청하고 모지리 같아요."

딸아이가 초등학교 3학년이던 무렵 제가 완전히 바뀌어야겠다고 다짐하게 된 결정적인 일이 발생했습니다. 아이는 울면서 이렇게 자신의 마음속 고통을 제게 호소했죠. 아무 문제도 없는 자신의 머리를 손바닥으로 치면서. 사실 상담 때 아이의 담임선생님께서도, 똑똑한데도 낮은 자존감으로 친구 관계를 잘 맺지 못하고 아이가 원하는 방향으로 모둠 활동이 진행되지 않을 때 화를 잘 낸다며 걱정스럽게 말씀하셨습니다.

가슴이 찢어지는 것 같았죠. 저처럼 제 아이마저 마음 불구가 될까 봐서 정신이 번쩍 들었습니다. 그동안 살아온 방식을 전면 수정하기로 했어요. 타인의 인정을 갈구하며 밖으로 향했던 시선과 남편과 아이를 향한 과도한 기대를 모두 내려놓았습니다. 혼자만의 시간을 갖기 시작했죠. 그토록 힘들어하는 외로움을 과감히 선택했습니다. 독서 시간을 더 확보하여 아이에게 불필요한 간섭을 할 시간에 차라리 책을 봤고 육아 강의를 들었어요. 틈틈이 스스로 인지 행동 기법 및 인지 전환 기술들도 사용했죠. 그러자 화를 내는 횟수가 현저히 줄어들기 시작했습니다.

하지만 제 몸이 지쳐있거나 스트레스가 많으면 감정조절을 하지 못하고 다시 폭발했죠. 분명한 건 예전의 폭발과는 달랐어요. 화내는 나를 알아차렸고 금방 화를 멈췄어요. 하지만 화를 내지 않기 위해 인위적인 기술을 적용하는 것으로는 한계가 있었습니다. 화 자체가 아니라 화의 근원을 찾아내 뿌리째 뽑고 싶었죠. 치유하겠다는 의지와 목적이 분명한 마음공부를 하니 결국 상처 입은 내면 아이를 만나게 됐고 내 안에 이면인 그림자와 거짓 자아도 자각하게 되었습니다.

마음공부가 정확히 뭔지도 모르던 상태에서 심리 및 철학서를 읽고 부분 필사를 하고 앱과 유튜브 명상을 따라 하고 일상을 온전히 제 내면을 들여다보고 관리하는 경험들로 채워나갔어요. 모든 선택은 제 마음이 끌리는 대로 했습니다. 그래야 마음공부의 연속과 확장이 자연스럽게 이루어지더라고요. 그렇게 저만의 기나긴 셀프 치유 수업의 여정이 시작되었습니다. 울퉁불퉁한 마음을 매끄럽게 다듬는 일은 그리 쉽지 않았어요. 보고 싶지 않은 나, 인정하고 싶지 않은 나와 마주하는 일은 고통스럽잖아요. 하지만 다양한 작은 경험들을 통해 지속적으로 저의 시선이 내면으로 향할 수 있도록 했죠. 수많은 질문들과 함께 말이에요.

내가 진정 아이를 사랑하는가? 나는 좋은 엄마인가? 일과 육아와 가사노동을 하면서 겪는 스트레스를 바람직하게 해결하고 있는가? 엄마이자 한 인간으로서 조화로운 삶을 살고 있는가? 사람들과의 관계에서 비교적 편안한가? 미스였던 시절보다 지금 더 행복한가? 나 자신을 정말 사랑하는가? 나다움을 잃지 않고 살고 있는가? 나다운 것이 무엇인지는 알고 있는가? 이 질문들에 대한 답을 찾아가는 과정이 곧 치유였어요. 그리고 제가 치유해 가는 과정 동안 제 아이도 똑같이 치유되어 갔죠. 자존감이 안정을 찾고 스스로를 사랑할 수 있게 되었어요. 섬세한 배려심과 특유의 개성 있는 매력으로 학교에서 자신감 있게 생활하고 친구들도 다양하게 사귀기 시작했죠. 제가 바뀌니 아이도 자신의 감정을 조절하며 주체적으로 살게 된 것이에요.

저는 이 책에 그동안 저의 마음의 상처와 무기력과 우울증 등을 외부의 도움 없이 스스로 치유해 온 모든 여정을 솔직하게 다 털어놓았습니다. 이 책은 거의 5년간의 짧다면 짧고 길다면 긴 제 내면의 종단 연구서이자 다양한 치유법을 스스로 적용해 본 임상실험보고서이기도 합니다. 물론 제가 체험한 치유 수업 덕분에 항상 평온한 마음을 유지한다거나 더 이상 고통을 겪지 않는다거나 엄청난 깨달음의 경지에 이르게 된다는 거짓말은 하지 않으렵니다. 다만, 부모로부터 온전한 사랑을 받지 못했다는 결핍감과 그 사랑과 인정을 타인으로부터 보상받고자 하는 심리적 허기에서 벗어나게 될 것은 분명합니다. 완벽한 부모는 세상에 없고 될 수도 없음을 인정하고, 나만 고통스럽고 불쌍하다는 식의 병적인 자기 연민에서 빠져나오게 될 거예요. 무엇보다 그동안 버려두었던 상처받은 내면 아이를 성인 자아가 돌봐주고 그 아이의 슬픔과 분노를 알아차려 주며 온전히 자신을 사랑할 수 있게 될 거고요. 그로 인해 내가 나의 주인이 되어 당당하고 책임감 있게 자신의 삶을 꾸려나갈 수 있게 될 것입니다.

고통을 완벽하게 제거하는 마약과 같은 심리치유법이 세상에 어디 있겠어요? 하지만 엄마인 우리가 두려움 앞에서 당당히 맞서고 항상 돌파구를 찾을 수 있다는 믿음을 가지고 있으면 되는 거예요. 정말로 좋은 엄마가 되고 싶은가요? 그렇다면 자기 내면 안에 있는 치유의 힘과 무한한 잠재력을 믿고 나다움을 찾아 나서자고요. 이 책을 쓰면서 저는 자신을 있는 그대로 사랑하고 아름답다고 여길 수 있게 되었고 예전보다 당당해졌어요. 내 안의 진실을 표현할 때 '아름다운 나'를 발굴할 수 있다고 해요. 이 책을 덮을 즈음에는 이곳에 소개된 셀프 치유법을 하나라도 시도해 보고 자신의 진실과 마주하면 좋겠습니다. 그리고 이 책이 자신을 나쁜 엄마라고 생각하고 힘들어하는 모든 분들께 좋은 엄마이자 아름다운 자신으로 거듭나는 데 조금이나마 도움이 되면 좋겠습니다.

> "당신은 병을 고쳐줄 값비싼 만병통치약을
> 이미 가지고 있다. 그걸 사용하기만 하면 된다."
> -루미-

목차

3. 세 번째 수업
'또 다른 나'를 깨워 새로운 것에 도전하는 치유 놀이

에필로그

첫 번째 수업

'내 안의 나'를 치유해

관계회복을 이끈

치유 놀이

그땐 그랬던 나를 내가 받아들인다면

나는 내 선택의 총화이며 내가 간직한 꼬리표들은 모두
'지금까지는 그랬지'라는 새 꼬리표로 바꿀 수 있다.
- 웨인 다이어의 「행복한 이기주의자」 中 에서 -

　당신은 어떤 문제에 부딪혔을 때, 가장 많이 사용하는 생존법으로 어떤 방어기제를 사용하는가? 여기 김형경의 『천 개의 공감』에서 언급된 처용설화를 통해 혈액형별 방어기제와 관련된 재미있는 유머가 있다. 처용은 달 밝은 밤에 늦게까지 노닐다가 집에 돌아와 자리를 보니 다리가 네 개 있는 것을 발견한다. 이때 O형 처용은 도끼를 집어 들고 뛰어 들어간다. 모든 잘못은 상대에게 있다고 믿으며 분열과 투사의 방어기제를 사용하는 것이다. A형 처용은 "내 잘못이야"라며 돌아서서 운다. 피학-우울적 성격 구조로 동정을 유도하는 방어기제를 사용한 것이다. B형 처용은 휴대전화를 꺼내 들고 경찰에 신고한다. 회피 방어기제를 사용하여 자기가 이 문제를 해결하려 않고 타인의 도움을 받으려고 한다. AB형 처용은 방문에 구멍을 뚫고 몰래 훔쳐본다. 고통스러운 상황을 쾌락이라는 반대 감정으로 전환시키는 반동형성이라는 방어기제를 사용한 것이다.

실제 처용은 어떤 방어기제를 사용했는지 기억이 나는가? 바로 '승화'라는 방식이다. 참을 수 없는 분노와 상실감을 춤과 노래로써 극복한 것이다. 이는 니체가 말한 춤추는 자가 돼라. 삶을 가볍게 받아들이라는 조언과 일맥상통한다. 하지만 그 상황에서 춤을 추고 노래를 부를 수 있었다는 건 도저히 이해가 되지 않는다. 그래서 세계적인 영적 스승인 레스터 레븐슨의 자기사랑 법에서 그 이유를 찾았다. 처용은 내면에 자신과 타인을 인정하지 않는 부정적인 기운이 없이 사랑으로 가득 차 있었을 것이다. 자신을 자학하거나 남 탓을 하려는 에고도 잘 다스렸던 사람일 것이다. 무엇보다 자기사랑은 자신을 있는 그대로 받아들이는 것이라는 걸 잘 알고 있었음에 틀림없다.

> **받아들임 1. 감정적인 의존자로서 우울을 선택했음을 인정하자.**

나는 혈액형도 B형이거니와 어떤 문제가 발생하면 타조가 사냥꾼이 나타나면 얼굴을 모래에 박는 것처럼 회피하고 숨기 급급했다. 한편으론 주변에 누군가가 그 문제를 해결해 주기를 바라기도 했다. 결혼 전에는 엄마에게 의존했고 결혼 후에는 남편에게 의존했다. 감정적인 의존자는 온갖 핑계를 대며 자신이 해야 할 결정을 미루고 문제해결을 타인에게 넘겨버린다. 이는 실패할지도 모른다는 두려움과 책임을 지지 않으려는 유아적 의존성 때문인 것이다. 이러한 태도의 문제는 곧 나태함을 부르고 무기력에 빠지게 하여 결국 우울증이라는 늪에서 허우적거리게 한다.

『행복한 이기주의자』에서 웨인 다이어는 "내가 왜 구태여 우울을 택해야 하는가? 우울해진다고 상황을 헤쳐 나가는 데 눈곱만큼이라도 보탬이 되는가?"라고 따끔하게 충고한다. 그러면서 우울은 인간 특유의 감정일 뿐이라고 말하고 있다. 내 감정에 대한 책임은 바로 나 자신에게 있는 것이다. 호르몬의 장난이든, 잠을 못 자서 예민해져 있든, 시간이나 돈을 내 마음대로 쓸 자유를 잃은 것 같은 기분이 들든, 얼굴도 몸도 더 이상 예전으로 돌아갈 수 없다는 생각에 절망감이 들든, 그렇다고 우울을 선택하는 건 나의 행복을 위해 아무런 도움이 안 되는 것이다.

더 이상 호르몬 탓, 부족한 잠 탓, 시간타령, 돈타령, 노화되어 가는 신체 탓을 하던 부정적인 생각을 한 데 묶어 밖으로 내던져버렸다. 또 그런 생각들이 고개를 쳐들고 우울함에게 손을 뻗으려고 하면 그때는 내가 내 감정의 주인으로서 짜증이나 화남, 속상함 등의 부정적인 감정 등을 알아차리고 다정하게 말을 걸어주었다. "음, 짜증 씨가 저를 찾아오셨군요. 제가 어떻게 해드리면 편해지실까요?"라고 혼잣말을 하며 해결책을 찾았다. 보통 답은 내 안에 있었다. 그동안 적극적으로 찾으려고 하지 않았던 것일 뿐. 생리증후군일 땐 단 것을 먹거나 좀 쉬면서 기분을 편안하게 만들었다. 잠이 부족할 때는 향이 좋은 커피 한 잔을 내려 마신 뒤 향기 좋은 미스트를 뿌려주어 기분 전환을 했다.

시간타령 돈타령은 보통 욕심이 올라오거나 불만이 생길 때 하게 되는 것 같았다. 그럴 때는 마음을 편안하게 먹고 내가 무심코 낭비하고 있는 시간이나 돈은 없는지, 아무 짝에도 쓸데없는 남과의 비교로 내 행복을 스스로 까먹고 있는 건 아닌지 합리적으로 따져보았다. 그리고 나면 가성비 있게 시간과 돈을 쓸 방법이 생각 났고, 지금 내가 가지고 있는 것들에 감사했다. 얼굴이 유난히 칙칙해 보이는 날이면 짜증 내고 있을 시간에 차라리 곡물 팩을 하고 시트 한 장이라도 붙이고 셀프 마사지를 했다. 허리둘레가 부쩍 늘어난 것 같으면 일상에서 더 틈틈이 스쿼트나 런지를 했다. 이를 닦으면서, 머리를 감으면서, 설거지를 하면서, 일하다가 잠깐 일어나서.

의존과 우울은 실과 바늘과 같다. 그냥 세트다. 내가 나 자신의 주인이라는 마음을 먹고 내 감정을 다스리고 몸을 움직이면 우울 따위는 감히 우리를 침범하지 못한다. 오더라도 금세 도망가고 만다. 자신을 관리할 줄 아는 주체적인 여성 앞에서 우울은 깨갱~ 하고 뒷걸음 칠 수밖에 없는 것이다.

> **■ 받아들임 2. 상처받은 내면아이를 지닌 어른아이로서 결핍을 선택했음을 인정하자.**

내 마음 항아리에 구멍이 있다는 것은 처녀 시절부터 어렴풋이 인지하고 있었다. 아무리 연인으로부터 사랑을 받아도 친구들과 진한 우정을 주고받아도 내 내면은 언제나 공허했다. 한 순간도 혼자 있는 시간을 못 견뎌했다. 같이 있어도 외로움을 느꼈고 충분하지 않았다. 그 이유가 내 안에 상처받은 내면아이가 있기 때문이라는 것을 마흔이 되어서야 알게 되었다. 『상처받은 내면아이 치유』라는 책에서 존 브래드쇼는 어린 시절에 해결되지 못했던 슬픔이나 여러 가지 학대와 정서적 폭력, 각 발달단계에서 당연히 받았어야 할 사랑이나 의존의 경험에 대한 결핍 등을 간직한 채 어른이 되면 그의 내면에는 그 상처를 받았던 그 나이대의 상처받은 내면아이가 그대로 남아있게 된다고 설파했다.

나는 이 책을 읽으면서 왜 그동안 내가 관계에서 유독 실망을 많이 했는지, 관계 중독에 잘 빠졌는지, 왜 그렇게 주변으로부터 지속적인 관심을 받고 싶어했는지 확실히 알게 되었다. 딸을 낳았다는 이유로 할머니에게서 책망을 받아 엄마는 젖이 나오지 않았다고 했다. 마른 젖을 빨며 어린 나는 울었고 결국 어쩔 수 없이 분유를 먹게 되었다고 했다. 그 이후로도 엄마는 집안 눈치를 보며 내게 적극적으로 사랑 표현은 못 하셨다고 했다. 지금은 이해하지만 아빠가 자신의 감정을 조절하지 못하고 거침없는 말을 쏟아내고 간혹 엄마에게 손찌검을 하는 것을 보며 어린 나는 두려움과 무력감을 느꼈던 것 같다. 그래서 아주 오랫동안 아빠를 무서워하고 증오했었다.

그러나 나 또한 부모로서 감정 조절을 하지 못하고 아이에게 본의 아니게 잘못을 저지르고, 부부싸움을 보여주며 완벽한 부모, 좋은 부모가 된다는 것이 마음처럼 쉽지 않다는 것을 몸소 깨달았다. 부모님의 양육 태도 탓을 하고, 나의 심리적 방황이 전부 애정결핍 때문이라며 결핍에만 초점을 맞춰온 나 자신을 반성하기도 했다. 따뜻한 포옹이나 '사랑한다'라는 직접적인 표현을 받지는 못했지만 그들이 엄마와 아빠라는 위치에서 얼마나 최선을 다해 살았는지 알기에 그저 감사했다. 미숙한 마음에 원망했던 것마저 죄송스러웠다. 나는 한 명의 아이를 키우는 것도 힘들다며 끙끙댔는데, 무려 네 명의 아이들을 먹이고 입히고 가르치시느라 얼마나 버거우셨을까. 본인들의 삶을 전부 희생했을 것을 생각하니 같은 부모로서 너무 마음이 아팠다.

과거는 이미 지나갔다. 그 시절 우리의 부모가 자식에게 사랑을 주는 방법을 몰라서 저지른 무지의 죄 혹은 우리를 그들의 감정 쓰레기통으로 사용한 죄에 대한 공소시효는 이미 지났다. 어쩌면 우리가 자립할 수 있도록 20년 혹은 30년이 넘게 우리에게 바친 시간과 정성 그리고 돈까지 포함한다면 그분들이 우리에게 모르고 저지른 실수에 대한 보상은 다 하고도 남았다. 더 이상 부모 때문에 혹은 과거에 누군가로부터 받은 상처 때문에 상처받은 내면아이가 있어서 고통스럽다는 이상한 믿음은 버리자. 결핍이 없는 사람은 그 누구도 없다. 결핍이 있는 쪽만을 보겠다고 선택함으로써 우리는 그 이면에 이미 가지고 있는 것에 감사할 줄 모르는 오만함과 받은 것을 당연하게 여기는 뻔뻔함을 키우는 오류를 저지를 수 있다.

우리는 이미 내면아이를 스스로 돌볼 정도로 성장했다. 그 아이의 상처는 우리가 치유해 주면 된다. 더 많이 그 아이의 목소리를 들어주고 인정해 주고 사랑해 주면 된다. 그 아이의 칭얼댐을 '으구, 우리 아가 그랬어?' 하고 알아채고 관심을 가져주면 된다. 지금 그 내면아이와 연결되어 있는 사람은 부모님이 아니라 바로 나 자신임을 잊지 말자.

> 📑 **받아들임3. 히스테리성 성격장애 탓에 이분법적 사고방식을 선택했음을 인정하자.**

『죽고 싶지만 떡볶이는 먹고 싶어』에서는 어딜 가든 내가 주인공이 되고 싶고, 그 자리에서 조금씩 밀려난다는 느낌을 받으면 불편하며, 자신이 주인공이 되지 않으면 사람들이 자신을 싫어하는 거라고 여기면서 자책하는 주인공 이야기가 나온다. 깜짝 놀랐다. 딱 내 얘기라서.

그 책에 나온 정신과 의사는 이를 히스테리성 성격장애의 성향이 있다고 진단했다. 나 스스로도 극단적이라는 걸 알고 있었다. 단순히 모 아니면 도, 호불호가 분명한 편으로만 생각해오던 내가 사실은 중간 세계가 없는 편협한 사고방식을 고수해온 사람이었던 것이다.

어떤 자리에 가더라도 스포트라이트를 받지 못하면 기를 펴지 못하고 차라리 찌그러짐을 택했다. 밑도 끝도 없는 부정적인 사고에 사로잡히는 것이다. '모두 나를 싫어하는가 봐'라는.

다른 사람이 내 친구나 동료에게만 외모든 어떤 능력에 대해 칭찬을 하면 그 자리에서 나는 아예 투명인간 취급을 당한 것 같은 느낌을 받았다. 그리고는 질투와 시기심이 마음속에서 솟아나 갑자기 화가 나거나 우울해졌다. 심리학에서는 이처럼 실제로는 존재하지 않는 남의 시선이나 심리를 과다하게 느껴 비상식적인 사고방식이나 패턴을 보이는 경우를 '자의식 과잉'이라고 부른다. 내가 딱 그 상태였다. 나도 이런 내가 불편했다. 정신병자가 아닌지 심각하게 고민해 볼 정도였으니까.

유대교의 교리 중에 열 명의 사람이 있으면 그중 한 사람은 반드시 나를 싫어하고, 두 사람은 나와 좋은 벗이 될 정도로 나를 좋아하고 나머지 일곱 명은 이도 저도 아닌, 즉 나에게 관심이 없다는 말이 있다. 나는 이러한 관계의 법칙도 모른 채 나에게 관심이 없거나 나를 싫어하는 사람들 때문에 혼자 상처를 받았다. 그들의 환심을 사기 위해 마음에도 없는 아부를 떨고 친한 척도 했다. 그럴 때면 나 자신이 비굴하고 때로는 역겹게 느껴지기까지 했다. 가장 마음이 아픈 건 나를 좋아하는 사람들에게 오히려 신경을 덜 쓰다 보니 그들을 서운하게 만들었다는 것이다. 수년 전에 직장 후배가 했던 말이 뇌리에 박혀 그때의 내가 부끄럽기도 하다. "언니, 우리 몇 명이 언니를 좋아하는 것으로는 부족해?"

마음공부를 하면서 가장 큰 변화는 나를 있는 그대로 조금씩 받아들였다는 점도 있지만 나를 좋아하고 깊은 관계를 맺고 있는 친구들이 더없이 소중하게 느껴졌다는 거다. 가족보다도 더 나의 밑바닥을 알고 있음에도 10년, 20년 이상 내 곁에서 있어 줘서 감사한 마음이 들었다. 타인에게 향해 있던 시선을 거둬들여 나를 돌보는 데 쓰고 내 사람들과 나를 필요로 하는 사람들에게 사랑을 베풀다 보니 거기에서 느껴지는 충만함이 컸다. 그 따뜻한 만족감은 질투나 시기심과 같은 부정적인 감정마저도 서서히 잠재웠다.

어느 순간 부러움이 시기심으로 퇴색되지 않았다. '담담한 부러움'이라고 불러야 할까. '내가 갖지 못한 걸 너만 가졌구나. 난 피해자야.'가 아닌 '내가 갖지 못한 걸 넌 가졌구나. 부럽다.'로 마침표를 찍게 되었다. 나는 갖지 못했지만 '괜찮아' 식의 체념이나 자기 위로도 아니다. '나는 그것은 갖지 못했지만 대신 이것은 가졌잖아?' 식의 자기 합리화도 아니었다. 그저 네 인생, 내 인생, That's it!이었다.

> **▌ 받아들임 4. 에고가 강하여 건강하지 못한 나르시시즘을 선택했음을 인정하자.**

『에고라는 적』에서 저자인 라이언 홀리데이는 에고를 '자기 자신이 가장 중요한 존재이자 특별한 존재라고 믿는 건강하지 못한 믿음'이라고 정의했다. 또한 에고를 '허풍쟁이'이자 '과대 망상증 괴물'에 비유하며 자기가 겪는 사소한 불편이나 불행을 어마어마한 비극으로 생각하게 하고, 끊임없이 남으로부터 인정받고 보상받을 필요가 있다고 속삭이는 '탐욕스러운 괴물'이라고 명명했다. 이전에 나는 내가 왜 작은 상처에도 출렁거리고 타인의 인정에 목말라하는지 그 이유를 알지 못했다. 그저 좀 예민하고 칭찬받기를 좋아하며 비난받기를 극도로 싫어하는 사람 정도로 생각했다. 그런데 108배 절운동을 하면서 내가 얼마나 에고라는 괴물에게 끌려 다녔는지, 얼마나 건강하지 못한 믿음을 가슴에 품고 살았는지 처절하게 깨달았다. 나 자신을 특별하다고 생각하고 싶은 충동에 사로잡혀 건강하지 못한 자기애를 키운 거다.

자기애, 특히 건전한 자기애에 대해 더 깊게 알고 싶어졌다. 그래서 나르시시즘과 관련된 이런저런 심리서를 읽다가 가장 균형 잡힌 시각을 갖춘 나르시시즘 책을 발견했다. 바로『나르시시즘 다시 생각하기』이다. 이 책에서 저자 크레이그 맬킨은 나르시시즘을 고치기 힘든 성격 결함이나 심각한 정신 질환이라고 보지 않는다. 나르시시즘을 '스스로 위안을 얻기 위해 사용하는 버팀목'이라고 정의하며, 적당한 나르시시즘은 불안감과 우울감이 덜 들게 하고 인간관계도 훨씬 좋게 한다고 주장했다.

나르시시즘을 선악의 고정적인 관점에서 극단적으로 바라보지 않고 하나의 유동적인 스펙트럼으로 보는 온건한 해석이 가장 마음에 들었다. 자신이 맺은 관계에서 진정한 친밀감을 유지하고 자신의 이익과 다른 사람들의 욕구 사이에서 균형을 찾아간다면 언제고 스펙트럼의 중앙으로 이동할 수 있다. 우리 자신이 스스로의 의지에 따라 나르시시즘의 크기를 조절할 수 있다니 이 얼마나 진취적이고 희망적인 접근법인가.

나르시시즘에 대해 긍정적인 면을 부각한 정신분석적 자기심리학의 창시자인 하인츠 코후트는 나르시시스트는 수시로 위대함에 도취되어 꿈속을 헤매다가도 다시 현실로 돌아오는 모험가라고 말했다. 그의 주장대로라면 빨간 머리 앤이 딱 건강한 나르시시스트의 전형이다. 그녀는 고아원에서 준 낡은 원피스를 입고 있는 자신이 세상에서 가장 아름다운 엷은 남빛 실크 드레스를 입고 있다고 상상한다. 또한 주근깨투성이 피부와 초록색 눈도 화사한 장미꽃 같은 살결과 빛나는 보랏빛 눈을 가지고 있다고 상상하며 완벽에 가까울 만큼의 행복을 느낀다. 그렇게 꿈속을 헤매기도 하지만 아무리 입을 다무는 게 어려운 일이라도 마음만 먹으면 그만두고 침묵을 지키는 것도 왕성하게 할 수 있는 그런 아이인 것이다.

우리도 빨간 머리 앤처럼 사랑스러운 나르시시스트가 돼보는 건 어떨까. 자신의 장점을 과장하거나 포장하지 않고 있는 그대로 받아들이면서 자신의 단점 때문에 자신을 무가치하다고 느끼지 않고 상상력으로 극복하고 자기사랑을 유지하는 것. 그것은 처용의 '승화'라는 방어기제와 닮아있다. 앤은 풍부하고 섬세한 감수성과 시처럼 아름다운 표현력으로 언어의 춤을 춘 것이다.

건강한 나르시시즘은 자아도취와 타인에 대한 섬세한 배려 사이를 매끄럽게 오가는 것을 의미한다. 왕의 남자에서 장생과 공길이가 아슬아슬하게 외줄을 왔다 갔다 하면서도 균형을 찾아가며 멋지게 외줄 타기에 성공하는 것처럼 우리에게 필요한 무기는 눈에 보이지 않은 부채와 팔을 양쪽으로 벌려 균형을 잡는 태도이다. 달이 차고 기울 듯이 나르시시즘도 상황이나 컨디션에 따라 들뜨기도 가라앉기도 하는 것이다. 기분이 좋지 않거나 내 몸이 피곤하고 힘들면 나르시시즘은 더 고개를 쳐들고 일어난다. 특별한 대우를 받고 싶은 것이다.

여기서 중요한 것이 바로 '알아차림'이고 '자기돌봄'이고 '나와의 대화'다. 나는 그럴 때면 이런 식으로 나 자신에게 말을 건다. "나르 여신께서 사랑이 고프셨군요. 오늘도 정말 수고 많았어요. 컨디션이 좋지 않음에도 불구하고 버텨낸 거 너무 대단해요. 좀 쉬세요." 이렇게 나르시시즘을 부드럽게 다루고 가족들에게 편안하게 도움을 요청한다. 오늘 내가 많이 피곤하니 저녁은 여보가 간단하게 라면 끓여서 아이랑 같이 먹으라고. 이때가 사실 아이는 정말 행복한 날이다. 라면이든 짜장면이든 엄마가 평소에는 잘 안 해주는 인스턴트 음식을 먹을 수 있는 날이니까. 서로 윈윈한 거다. 나는 쉴 수 있어 좋고, 남편은 징징대는 아내의 잔소리를 안 들어서 좋고, 아이는 라면을 먹어서 좋고.

극단적 나르시시스트도, 상처받은 내면아이를 지닌 어른아이도, 의존자도, 히스테리성 성격장애자도 모두 환자가 아니다. 인간이라면 누구나 가지고 있는 심리상태이다. 관건은 태도의 문제일 뿐. 관계에서 자기 자신을 객관적으로 점검하고 어떻게 행동해야 할지 선택해야 하는 것이다. 그리고 자신에게 주어진 여러 신경 쓰이는 속성들에 너무 집착하지 않고, 끈기를 가지고 자신에게 주어진 일을 잘 해내며 그렇게 자신의 삶을 꿋꿋하게 살아내면 된다. 앤이 마음을 단단히 먹으면 뭐든지 즐겁게 생각할 수 있다고 한 것처럼. 그저 조금 극단적 사고에 치우쳐 있었을 뿐이다. 달리 표현하자면, 균형 감각이 조금 부족했을 뿐이다.

이러한 성향은 비정상이라 여기고 고칠 것이 아니라 이를 건강하게 향유하는 법을 배워야 한다. 바로 올리버 색스의 『아내를 모자로 착각한 남자』의 이야기 속 주인공 P선생처럼. 주인공인 음악선생님은 시각인식불능증으로 사물의 실체를 인지하지 못하지만 대신 음악에 맞춰 일상적인 동작을 하며 살아갈 수 있다. 그에게 뇌신경학자 색스가 내린 처방은 그 증상을 상담이나 약물치료로 고치는 게 아니라 비정상이 정상으로 보일 수 있게 했던 원동력인 그 음악을 생활의 중심이 아니라 생활의 전부라고 생각하고 지내라는 것이었다.

나도 내가 가진 다양한 비정상들이 정상으로 보일 수 있게 한 힘이 무엇인지 생각해 보았다. 그것은 끊임없이 내 내면을 탐구하고 내가 어떤 사람인지 알고자 하는 지적 허기가 있었기 때문이 아닌가 싶다. 마음이 왜 괴로운지, 내 마음과 행동이 왜 일치하지 않은지, 도대체 내가 왜 그렇게 말하고 행동하는지 알고 싶었다. 문제를 해결하고 싶었다. 아마도 내면의 치유와 관련된 다양한 책들을 탐독하면서 내가 느끼는 고통과 문제 행동의 원인을 파악했기 때문에 완벽하게 건강한 상태로 되돌려놓지 못하더라도 태도에 변화는 가져온 것 같다.

결국 내가 어떤 성향의 사람이고 어떤 상황에서 어떤 생각을 하고 있는지 자기이해와 자기공감을 할 수 있게 되면서 나는 마음과 행동이 많이 편안해지고 일치감을 느꼈다. 탐탁지 않은 나의 모습에도 자기사랑을 할 수 있게 되었을 때 낮은 자존감이며 자기혐오, 자기부정이 서서히 사라지고 내 안에 있는 나와 악수를 할 수 있게 되었다. 드디어 자기화해가 이루어지면서 별일 아닌 것에도 감사하게 되고 알 수 없는 행복의 꽃이 가슴속에서 피어나는 것을 느낄 수 있었다.

전 세계적으로 가장 널리 영향력을 끼친 상담사였던 칼 로저스가 『사람-중심 상담』이라는 책에서 노년에 이렇게 진솔한 고백을 했었다.

"나는 나 자신이 경험하고 있는 여러 가지 것들을 순간마다 소중히 여길 수 있게 되었습니다. 분노의 감정이나 부드러운 느낌, 수치심, 상처, 사랑, 불안, 너그러움, 두려움 등 긍정적이든 부정적이든 갑자기 일어나는 나의 모든 반응을 귀하게 여기고 싶습니다. 나는 그때그때 떠오르는 어리석은 생각, 창의적인 생각, 기괴한 생각, 건전한 생각, 사소한 생각 등 나의 모든 부분을 소중히 여기고 싶습니다. 나는 적절하거나, 미친 것 같거나, 성취지향적이거나, 성적이거나, 누군가를 죽이고 싶다거나 하는 나의 모든 충동들을 좋아합니다. 나는 모든 감정들, 생각들, 충동들을 자신을 풍성하게 해주는 것으로 받아들이고 싶습니다. 그 모든 것에 따라 행동하려 하지는 않아도 그것들을 모두 받아들일 때 나는 더욱 진실될 수 있습니다. 그리고 그때의 상황에 맞추어 더욱 적절하게 행동할 수 있습니다."

나는 심리상담 분야 대가의 솔직한 고백에 인간은 살아있는 한 모두 비슷한 감정과 생각을 경험한다는 것에 큰 위로를 받았다. 또한 다시금 받아들임이 가장 지혜로운 자기사랑법임을 깨달았다. 그리고 이 글에 대한 감사의 답글을 다음과 같이 짧게 써 보았다.

누구나 다 그렇다

by 생강차

아무것도 하기 싫은 날이 있다

가끔 우울하면 좀 어떠한가

내가 가치 없게 느껴지는 날이 있다

자존감이 낮으면 좀 어떠한가

주목받지 못해서 죽고 싶은 날이 있다

좀 히스테릭하면 어떠한가

과도하게 나를 드러내고 싶은 날이 있다

자기애가 지나치면 좀 어떠한가

누군가에게 나를 사랑해 달라고 조르고 싶은 날이 있다

좀 의존적이면 어떠한가

그런 나를 알아차리고

다시 숫자 5로 돌아오면 된다

교육학이 말하는 회복탄력성

뇌과학이 말하는 신경가소성

심리학이 말하는 감정유연성

을 발휘해서

별거 아닌 현상이다

누구나 다 그렇다

누구나 이상한 면이 있지만

그렇다고 외계인은 아니지 않은가

단지 얼마나 알아차리느냐 혹은

모른 채 넘어가느냐의 차이일 뿐이다

알아차렸다는 것만으로도

당신은 이미 충분히 괜찮다

그러니 너무 심각하게 여기지 말고

1. 신나게 재미있는 일을 하든지

2. 차분하게 독서를 하든지

3. 열나게 운동을 하든지

4. 곯아떨어지게 잠을 자든지

★ Just forget about it!

내일이면 또 살만한 날이

시작될 테니

왜 기생하려 하는가? 독립적인 숙주가 되자

———

누군가가 무게 중심을 자기 쪽으로 옮기며
온전히 기대오는 것을 반길 사람은 없다.
누구나 사람은 자신의 인생을 책임질 능력밖에 없기 때문이다.
- 남인숙의 「나는 무작정 결혼하지 않기로 했다」 中에서 -

　알파 메일이라는 단어를 들어보았는가? Alpha는 '어떤 것의 가장 첫 번째'를 가리키는 말로 male이라는 단어와 합성이 되어 동물 집단에서 가장 힘이 세고 영향력 있는 리더를 일컫는다. 이를 인간에게 적용해 보면 '알파형 인간'이란 옥스퍼드 영어사전의 정의에 따라 '자신의 사회적, 직업적 환경에서 지배적 역할을 하려는 성향을 지닌 사람, 혹은 리더의 자질과 그에 대한 자신감을 지닌 것으로 보이는 사람'이라고 한다. 그렇다면 당신은 Alpha-female이라고 생각하는가?

　라이프 코치 전문가인 손현정 박사가 운영하는 「손현정 TV」라는 유튜브에 올라온 체크리스트를 통해 나는 alpha-female로 판명되었다. 예전에 이 유튜브에서 〈일 잘하는 여자가 남자복이 없는 생물학적인 이유〉에 대한 강의를 들은 적이 있다.

한 무리에는 두 마리의 알파 메일이 존재할 수 없기 때문에 능력이 있는 여자는 사회적으로 더 인정받고 발전하기 위해서 무의식적으로 능력이 뛰어난 남자를 밀어낸다는 것이다. 그때 상당히 일리 있는 의견이라고 생각했었다. 그와 함께 승진이나 자기 발전보다 가정에 더 충실해 주길 바라는 남편으로 인해 항상 뭔가 답답하고 불만족스러운 마음의 근본 원인을 찾은 것 같았다.

외로운 여우가 독립적인 두루미와 결혼하게 되면

알랭드 보통은 『낭만적 연애와 그 이후의 일상』에서 결혼에 대해 다음과 같이 정의했다. "결혼은 자신이 누구인지 또는 상대방이 누구인지를 아직 모르는 두 사람이 상상할 수 없고 조사하기를 애써 생략해 버린 미래에 자신을 결박하고서 기대에 부풀어 벌이는 관대하고 무한히 친절한 도박이다." 무릎을 탁! 치게 하는 결혼에 대한 정의이지 않는가. 나 또한 내가 누구인지 그가 누구인지 정확히 파악하지도 않은 채, 별다른 계획도 없이 눈에 아주 두툼하고 절대 벗겨질 것 같지 않은 콩깍지를 장착한 채, 마냥 행복한 결혼생활을 꿈꾸며 고통의 낭떠러지로 낙하산도 없이 몸을 던졌었다. 아무리 반대 성향에 끌린다지만 감정형인 나는 이성형인 그의 흔들림 없는 시몬스 침대와 같은 안정적임에 마음을 빼앗겼다.

당시에 나는 연고도 없는 경기도에 자리를 잡으며 새로운 환경에 적응하느라 몸도 마음도 지쳐있었다. 게다가 소개받는 사람들이 하나같이 마음에 들지 않았다. 여럿이 있는 모임에서 서로 알아가다가 사랑이 싹트는 스타일인 나는 연애나 결혼을 전제로 전혀 일면식도 없는 사람과의 일대일 만남이 체질에 맞지 않았다. 시간 낭비만 하고 있는 것 같았다. 그러다가 연수 중에 믿음직스러운 느낌의 남편을 자연스럽게 만났다. 1년도 채 안 되는 연애 기간이었지만 그 흔한 체크리스트나 혼전 계약서도 없었다. 하물며 결혼 후의 역할 분담이며 갈등 조정에 대한 어떤 대화도 없었다. 마냥 좋다가 호기 넘치게 결혼이라는 낭떠러지에서 천진난만한 미소까지 지으며 다이빙을 한 것이다.

『사랑의 기술』에서 에리히 프롬은 사랑에 빠지는 행위에 대해 다음과 같이 말했다. "강렬한 열중, 서로 미쳐버리는 것을 열정적인 사랑의 증거로 생각하지만 이것은 기껏해야 그들이 서로 만나기 전에 얼마나 외로웠는가를 입증할 뿐이다."

그렇다. 그가 내 참을 수 없는 외로움과 분리불안을 말끔히 해결해 줄 구세주라고 생각했다. 그리고 나 또한 그의 오랜 외로움과 상처를 보듬어 줄 유일한 천사라고 생각했다. 그러한 착각과 오만으로 인해 참 오랫동안 고통스러워했다. 나는 정말 헛똑똑이었다. 그는 언제나 "나는 팩트만 말하잖아."라며 숫자를 들이댔고 나는 "내 마음 좀 알아달라고."라며 감정에 호소했다. 매사에 그는 선생이고 나는 부진아 학생 같았다. 나는 누군가 나의 마음을 읽어주고 잘한다 잘한다 응원해 줘야 내가 가진 모든 능력치를 최대한 발휘하는 스타일이다. 그런데 응원은커녕 맨날 야단만 맞고 틀렸다는 소리만 들으니 나는 생기를 잃어갔고, 그의 마음에 들기 위해 전전긍긍하다가 결국 깊은 슬픔과 외로움에 빠져 무기력해져 버렸다.

결혼생활이 뭔지 제대로 모르는 것 이전에 사랑이 뭔지 몰랐다. 『사랑의 기술』에서 에리히 프롬이 말했듯이 나의 사랑은 '나는 사랑받기 때문에 사랑한다' 즉 '그대가 필요하기 때문에 나는 그대를 사랑한다'라는 식의 성숙하지 못한 수준에 머물러 있었다. 나 또한 사랑의 문제를 '사랑할 줄 아는 능력의 문제'가 아니라 '사랑받는 문제'로만 생각했었다. 그에 대해 객관적으로 알려고 시도조차 해보지 않았다. 그런 것은 사랑하면 저절로 되는 것이라 생각했다. 나는 내 방식대로 행동하고 사랑을 갈구했다. 여우가 두루미에게 애써서 접시에 음식을 차려주고는 이제 공정성의 원리에 의해 사랑을 달라는 식이었다. 우리는 너무도 다른 서식지에 사는 동물이었다. 나는 그의 이성에 끊임없이 실망감을 안겨주었고, 그는 나의 감정에 끊임없이 상처를 주었다. 그 사람을 통해 모든 사람을 사랑하고 세계를 사랑하고 나 자신도 사랑하게 되는 그런 꿈같은 일은 결코 일어나지 않았다. 오히려 모든 사람을 있는 그대로 바라보지 못하고 세계를 어둡게 보고 나 자신도 혐오하게 되었으니까.

 우리는 결혼 10년 차가 되어서야 거의 1년간 서로 죽일 듯이 싸우고 서로를 미워하며 막장까지 가려고 했다. 이혼 직전에 근 두 달간 별거를 통한 유예기간을 갖게 되었다. 그렇게 죽을 것처럼 고통스러운 남편과의 감정싸움과 지긋지긋한 집안일에서 벗어나자 일주일은 너무도 편했다. 다시 처녀 시절로 돌아간 것처럼 모든 시간이 나의 것이었으니까. 하지만 내 몸에 각인된 엄마이자 아내로 살아왔던 십 년의 세월은 나를 자꾸 '우리집'으로 향하게 했다. 우렁 각시처럼 몰래 들어가 집안일을 조금씩 하고 돌아왔다. 반찬이나 국은 해놓아 봤자 그 자존심에 버릴 게 뻔하니 설거지와 청소만 해놓고 나왔다. 아이 곁에서 자고 싶은 날은 밤에 몰래 아이 옆에서 자다가 새벽에 나왔다. 그렇게 바닥을 치고 좌절감과 외로움을 처절히 맛보고 나니, 그리고 집안일에서 좀 벗어나서 쉬고 나니 그제야 가족의 소중함, 그 울타리가 주는 안정감이 그리워졌다.

사랑을 구걸하지 말자. 내가 곧 사랑의 주체니까

떨어져 지내는 두 달 동안 퇴근 후 대부분의 시간을 책을 읽으며 지냈었다. 그때 주로 읽은 책은 결혼을 주제로 한 심리서였다. 비로소 결혼생활의 시작과 그 이후의 운영에 대한 나의 미숙함과 남자의 심리에 대한 무지함을 깨우치게 되었다. 안다고 생각했지만 사실은 전혀 몰랐던 나 자신과 남편에 대해서도 깊게 침투해 들어가 객관적으로 바라볼 수 있게 되었다. 나의 잘못과 그의 장점이 오롯이 보이기 시작했다. 미안했고 고마웠다. 더 이상 상황이 이렇게 악화된 것에 대한 남편 탓도 자기연민도 하지 않았다. 남편이 잘못했다기보다는 그 상황을 바라보는 나의 인식이 부정적이었고 태도가 지혜롭지 못했다는 것을 깨닫게 되었다.

그동안 스스로를 하녀라고 격하시키며 가사노동을 괴로워만 하던 중, 어느 순간 발상의 전환을 하게 되었다. 남편은 왕이고 아이는 공주라고. 나는 그들이 세상 속에서 더 위엄을 떨칠 수 있게 건강을 책임지는 왕비라고 나 자신을 격상시켰다. 이는 내 자존감도 올라왔다는 증거였다. 더 이상 남편에게 내 감정을 읽어주고 따뜻한 말들로 위로하며 엄마나 상담사의 역할을 해주기를 바라는 헛된 기대를 내려놓기로 했다. 엘리자베스 길버트의 『결혼해도 괜찮아』에는 라오스 몽족 여성들의 지혜로운 삶이 언급된다. 그녀들은 남편으로부터 위로와 조언을 얻기 위한 가장 친한 친구이자 가장 친밀한 의논 상대의 역할을 기대하지 않는다. 그녀들 주변에는 자매, 이모나 고모, 엄마, 할머니 등 친족들이 감정적 버팀목으로써 늘 존재하기 때문이다. 그래서 그녀들은 힘든 결혼생활 속에서도 남편을 영웅으로도 악당으로도 만들지 않는다. 단지 각자의 영역에서 주어진 의무를 충실히 하며 낭만은 없지만 조화로운 결혼생활을 영위해 나가는 것이다.

그렇다면 친족 중심 사회가 아닌 요즘 같은 세상에서 우리는 결혼생활에서의 갈등과 번뇌를 어디에 털어놓고 조언을 구할 수 있을까? 사실 결혼생활에서 비슷한 문제를 안고 있지 않는 친구나 선배에게 내 이야기를 털어놓는 건 불행을 복기하는 것일 뿐 아무런 도움이 되지 않는다. 오히려 돌아서면 후회가 밀려온다. 혹여 마음이 넓거나 비슷한 고민이 있다고 해서 무슨 일이 있을 때마다 전화로 하소연을 한다면 결국 그들을 감정 쓰레기통으로 이용하는 꼴밖에 되지 않는다. 자칫 좋은 관계마저 잃을 수 있다.

그래서 필요한 것이 혼자만의 시간에 내가 의문을 가지고 있는 주제에 대해 독서를 하거나 유튜브 강의를 듣는 것이다. 옆집 언니 같은 편안한 위로와 조언을 듣고 싶으면 김미경 강사의 강의를 들었고, 위로보다 죽비처럼 시원하게 정신을 차리는 충고를 듣고 싶으면 법륜 스님의 강의를 들었다. 강의는 소나기처럼 그 자리에서 바로 해답을 얻고 툴툴 비를 털고 일어날 수 있게 한다면, 독서는 긴 장마처럼 지루할 수 있지만 지속적으로 성찰하면서 얻는 지혜와 통찰이 있어서 그 여운이 더 오래갔다. 몽족 여성처럼 나도 내 주변 곳곳을 감정적 버팀목으로 에워쌌다. 바로 수많은 작가와 인생의 전문가들로. 그들에게는 멘토가 되어달라고 허락을 구하지 않아도 되고 징징대고 나서 이불 킥을 날릴 일도 없다. 불을 꺼서 소환해 내는 도깨비처럼 복잡한 절차도 필요 없다. 그냥 아무 때나 내가 원하는 시간에 원하는 장소를 지정하여 꼭 필요한 말씀을 읽거나 들으면 되는 것이다.

물리적으로 떨어져 있던 시간은 오히려 반성과 회복의 시간으로 전화위복이 되었다. 남편과 나는 결혼생활 11년 만에 처음으로 다섯 시간 동안 서로에 대해 솔직하게 털어놓았다. 그동안 서운했던 점, 서로 잘못했던 점, 앞으로 서로에게서 바라는 점, 앞으로 갈등이 또 일어났을 때 해결 방안에 대해 허심

탄회하게 술잔을 기울이며 대화를 나누었다. 그도 나와 떨어져 있던 잠깐의 시간 동안 자기를 많이 돌아본 것 같았다. 우리는 각자의 차이를 이해하고 용서하며 찐한 전우애로 서로를 다시 끌어안았다. 그렇다고 다시 드라마틱하게 친밀감과 애정이라는 화학반응이 일어나는 완벽한 융합, 그런 마법 같은 일은 일어나지 않았다. 하지만 장미전쟁으로 입은 서로의 상흔에 대해 동정 어린 시선으로 볼 줄 알게 되었고, 상대에게 무리한 요구를 하지 않게 되었다. 눈치껏 서로를 배려하며 예의를 지킬 수 있게 되었다. 우리는 일체감이라는 허상에서 벗어나 적당히 거리를 두고 서로를 지켜보며 지원해 주는 삶의 동반자로 한 단계 성장했다. 실패에서 얻은 살아있는 지혜는 처음부터 비교적 잘 맞는 관계로 시작하여 쉽게 얻어낸 결과와는 비교할 수 없을 만큼 값진 선물이다. 이제 그와 나는 로열젤리까지는 아니어도 조금은 숙성된 진한 꿀을 만들어가고 있는 중이다.

남편이 아니었다면 여전히 나는 그의 또는 타인의 기생충으로 살고 있을 것이다. "네가 알아서 해, 네가 선택했으니 네가 책임져" 그 차갑고도 서운하기 그지없던 말은 결국 내가 홀로 일어서게 하는 가장 고마운 채찍이 되었다. 그가 힘을 가지고 있고 나보다 더 능력이 있어서 저절로 의존하게 되는 게 아니다. 나 또한 자유의지와 힘을 가지고 있음에도 그것을 행사함에 따른 책임을 지고 싶지 않기 때문에 스스로 권력을 포기한 것이다. 그리고 그에게 의존하겠다고 그의 밑으로 들어간 것이다. 즉 그의 그늘 아래로 들어가 살겠다고 선택한 것이다. 따라서 "남편 때문에 못 살겠네", "남편이 하나도 안 도와줘서 나만 뼈 빠지게 집안일하느라 힘드네", "남편이 좀 따뜻하게 잘해주면 좋겠는데" 등 모든 불평불만은 결국 내가 만든 것이다.

　더 이상 그에게 사랑을 구걸하지 않았다. 내가 나 자신에게 사랑을 퍼부어주며 내 안을 사랑으로 가득 채우자 비로소 그의 그늘에서 빠져나올 수 있게 되었다. 그동안 나무나 꽃인 줄 알고 살아왔는데 오히려 내가 태양임을 깨달았다. 내가 우리집에 빛을 쬐는 사람. 희망을 불러일으키는 사랑의 주체임을 깨달았다. 내 빛의 파동이 더 이상 출렁거리지 않고 진폭이 작아지니 더 이상 그와 크게 부딪히지 않게 되었다. 남편이 말했다. "나는 항상 그대로다. 바뀐 건 네 마음이지" 맞다. 그의 장점을 볼 수 있게 되고, 내가 무기력을 떨쳐내고 적극적으로 집안일을 하고, 책을 읽고, 글을 쓰는 나만의 시간을 확보하며 내 마음이 행복하게 바뀐 것이다. 엄마이자 아내인 우리는 한 집안의 태양임을 잊지 말자. 우리가 빛을 잃으면 가족 구성원 모두 힘을 잃고 앞으로 나아갈 수 없다. 우리가 중심이다.

공생을 위한 아름다운 거리 두기

남편은 방학 때마다 일주일씩 아이를 데리고 여행을 떠나기 시작했다. 가장 저렴한 항공료와 숙박비는 들지만 음식은 푸짐하고 여행지는 알차게 돌아다니는, 한마디로 가성비 갑인 여행으로. 덤으로 나에게도 완벽한 나만의 시간이 주어졌다. 그럼 그 시간에 나는 무엇을 하느냐? 절대 쓸데없이 룰루랄라 돌아다니지 않는다. 돌아다닐 곳도 없고 재미도 없다. 아침에 일어나 108배를 하고 식사를 간단하게 준비하며 명상을 한다. 식사가 끝나면 하루에 한 가지씩 그동안 못 버렸던 이불, 가전제품, 그릇, 옷들을 정리하고 집구석구석을 청소한다. 이후에 읽고 싶은 책을 몽땅 도서관에서 빌려서 매일 카페에서 7시간 이상 책을 읽고 베껴 쓰고 떠오르는 생각들을 쓰며 나만의 지식 채워 넣기와 사유 뱉어내기 시간을 갖는다. 외로움을 느낄 시간도 없다. 혼자서도 규칙적이고 충만한 시간을 보내며 온전히 독립적인 숙주가 되는 것이다. 그렇게 각자 자기만의 방식으로 비우고 채우는 시간을 가진 뒤 만나면 그와 나는 더욱 단단하게 연결되어 있다는 느낌을 갖는다. 기생이 아닌 공생으로서의 연대감. 서로에게 자율과 자유를 허락했기에 주어진 값진 선물인 것이다.

이제 더 이상 부부로서 열정이니 사랑 타령은 하지 않는다. 어쩌면 아이를 함께 만들어 낸 생물학적 동지로서의 우정 그리고 그 아이가 미운 오리가 아니라 백조임을 일깨워주고 자신만의 서식지를 찾아 훨훨 날아갈 수 있도록 잠시 데리고 있는 보호소의 소장 역할이 부부에게 더 중요한 요소임을 깨닫게 되었다. 이제는 하나의 서식지를 같이 사용하는 다른 종의 두 동물이 생활 동반자로서 서로의 영역을 존중하며 그 서식지를 아름답게까지는 아니어도 괜찮게 가꾸어나가고 있다. 필요할 때는 맘에 없는 칭찬도 해 주고 궁둥이도 팡팡 두드려주며 남자의 자존심을 추켜 세워주고, 관심 없는 말을 들어주는 척하면서 그렇게 적당히 예의를 갖추고 거리를 유지하며 산다.

내가 무기력을 떨치고 모든 일에 적극적이자 남편 또한 시키지 않아도 내가 바쁠 때면 식사 준비며 쓰레기 분리배출, 장보기와 아이 교육 등 전방위적으로 집안일을 돕는다. 아주 다른 남자가 되었다. 촛불을 불며 주문을 왼 것도 아니고 손을 빌며 부탁한 것도 아닌데 자발적인 도깨비 또는 슈퍼맨이 되었다. 참 세상 살아볼 만하다. 그러니 낭만주의적 이상주의적 결혼관을 깨고 긍정현실주의자가 되자. 아내가 긍정적이고 적극적으로 변하면 남편은 따라오게 되어있다. 왜? 우리는 Alpha Female이니까.

낭만적인 결혼은 없다! 긍정현실주의자가 되자

그렇다. 이제 우리는 모든 취향이 같고 내 마음을 말하지 않아도 알아주고 가만히 있어도 사랑을 주는 '완벽한' 파트너를 기대하는 것은 하루빨리 던져 버려야 한다. 서로의 취향을 존중하고 맞지 않은 부분은 협의를 통해 조율해 나가면 된다. 잘못한 것이 있으면 빠르게 반성하고 사과할 일이 있으면 묵히지 말고 즉시 사과하자. 필요한 것은 말로 요청하면 된다. 단, 그전에 호흡 명상으로 감정조절은 해놓고 부드럽고 합리적인 대화법으로.

부부끼리는 방금까지도 세상 돌아가는 일에 대해 편하게 대화를 나누다가도 별일 아닌 문제로 아군에서 적군으로 순식간에 변하기도 한다. 남편이 토라져서 자기 방으로 들어가면 나는 참지 못하고 대든 것에 대해 후회하고 바로 손에 걸레를 든다. 그리고는 '미안합니다, 사랑합니다, 고맙습니다'라고 세 마디만 하면 되는 호오포노포노 명상을 하며 방구석구석을 닦는다. 십 분 정도 지나 내 마음도 안정이 되고 그의 격앙된 마음도 다소 가라앉았다 싶으면 따뜻한 생강차를 예쁜 찻잔에 담아 방문을 조심히 열고 들어간다. 지난번에 아이 이 닦는 문제로 살짝 언쟁이 있었을 때는 이렇게 부드럽게 말했다. "아까는 미안했어. 내가 심리적으로 힘든 시기에 아이에게 최선을 다하지 못해 항상 미안한데 당신이 그걸 비난하니까 속상했었나 봐. 그래도 그때 당신이 아빠 역할에 최선을 다해준 거 항상 감사하고 있어. 그러니 화 풀어. 내가 앞으로 아이 이 닦는 일에 좀 더 신경 쓸게." 그러면 천하에 무뚝뚝한 경상도 남자인 남편은 최대한의 표현을 한다. "알았다. 고만 문 닫고 니 볼일 봐라." 라고. 풀렸다는 뜻이다.

우리가 부부라는 이름으로 함께 하지 않았다면 간혹 직장에서 잠깐씩 만났거나 오다가다 만나는 동네 주민이었다면 그처럼 대화의 온도가 갑자기 확 바뀌는 상황은 연출되지 않았을 것이다. 서로의 민낯과 흐트러진 모습, 헐크로 변하는 비이성적인 모습까지 가장 적나라한 서로의 밑바닥을 보여주었기 때문에 그 편안함과 익숙함으로 존중과 예의의 경계를 허물고 마는 것이다. 나의 민낯을 알지 못하는 직장 동료나 사회 구성원에게는 내가 한 여성으로서 매력적으로 비칠 수 있다. 그렇듯이 내 남편도 직장 동료 중에 그가 지닌 장점만 부각해서 보며 그녀의 남편에게는 없는, 하지만 꼭 있었으면 했던 어떤 점을 발견하고 남자로서 호감을 느낄 수도 있다.

1년에 두세 번 모이는 남편 쪽 부부동반 모임에서 남편 친구들의 아내 중 한 명은 남편이 계획하는 해외여행이나 자녀교육 이야기를 하면 눈을 반짝반짝하게 뜨고 경청한다. 그러고는 부러움 가득한 목소리로 "언니, 오빠가 내 남편이면 내가 업고 살았을 거야."라고 농담반 진담반 남편 편을 들며 말을 하곤 했다. 그때 나는 "아이고, 한 번 같이 살아보셔."라고 짧게 코멘트를 날렸지만 속으로는 '우리가 헛되게 보낸 오늘이 어제 죽은 누군가에게는 간절히 바라던 내일이었던 것처럼, 내가 한때는 미워했었고 장점보다 단점이 더 많아 보인 남편이 내 앞에 있는 누군가에게는 한 번쯤 살아보고 싶은 남자로 보일 수도 있겠구나.'라는 생각이 들었다. 그래서 간혹 나는 그를 내 남편이 아니라 어떤 여성이 매력을 느끼고 있는 '한 남자'라고 객관적으로 바라보려 하기도 한다. 다 알지 못하는 미지의 어떤 것에는 항상 호기심이 생기는 법이니까. 그러면 누군가 한 트럭으로 실어준다고 해도 거절할 이 애물단지 남편이 누구에게는 그림의 떡이라는 생각에 잠시 멋있어 보이기도 하고 '나랑 사느라 힘들었겠다'라는 측은지심도 느껴진다.

남편도 아내인 우리도 한때 누군가가 그토록 사귀어보고 싶어 했던 젊은 청춘이었지 않나. 남편을 귀하게 여기자. 내 아이의 세상에 하나밖에 없는 아빠로서 가족부양을 위해 고군분투하며 살아가고 있는 그 자체만으로 그는 대단한 가치가 있다. 남편은 항상 내게 '네 주제에 무슨 책을 쓰냐? 설거지나 해.'라며 틈만 나면 나의 앞길을 방해하는 '남의 편'이었다. 그러나 지금은 내가 읽고자 하고 필요로 하는 책을 말하면 어디에서 잘도 택배로 주문해 준다. 로버트 존슨이 『내 그림자에게 말걸기』에서 말했듯이 사랑받고 보호받고 싶어 하는 욕망은 이해할 수 있지만 굴욕적인 의존성은 성장을 거부하는 것이며 충만한 잠재력을 폐기하는 일이다. 내가 의존성을 버리고 나 자신의 잠재력을 발견하고 성장해 나가는 모습을 보이니 그도 아주 조금 나의 길을 지지해 주는 '내편'으로 변모했다. '남의 편'을 '내편'으로 만드는 데 14년이 걸렸다. 기생충이 아니라 독립적인 숙주가 되겠다고 결심했기에 가능한 일이지 않았겠는가.

　마지막으로 알랭 드 보통의 『낭만적인 연애와 그 후의 일상』을 읽고 난 소감을 짧은 랩으로 써 본 글로 이 장을 마무리한다.

♪ 낭만은 스스로 외로움을 자초하는 낭떠러지
너에게 꼭 맞는 파트너는 어디에도 없지
완벽함을 포기해 완전함을 포기해
차라리 네가 미쳤음을 자각해

♬ 낭만이 사랑을 지속시킬 수 있다는 것은
말도 안 되는 낭설
영구적인 조화는 어디에도 없지
불안에 굴복하지 마 상처에 분노하지 마
차라리 작게나마 용기를 내

♩ 평범함이 답이지
만족함이 답이지
그게 인생이지
그게 진짜 사랑이지

부모가 아니라 발직(발랄+듬직)한 집사가 되자

———

솔직히 자식을 내 뜻대로 할 수 있으리라고 감히 생각하다니
참 용감한 엄마들이구나 싶다. 우선, 자식은 자식 뜻대로 자랄 수 있도록
지켜보면서 엄마는 그저 그 뒷바라지나 해야 하는 게 순리가 아닐까.
- 박혜란의 「다시 아이를 키운다면」 中에서 -

당신은 당신과 자녀와의 관계를 무엇과 무엇에 비유할 수 있는가? 나는 아주 오랫동안 나와 아이의 관계를 '나와 어린 나'로 보았다. 아이를 하나의 독립된 인격체로 보지 않고 과거와 현재의 나의 결점을 완벽히 보완해서 업그레이드 버전의 나로 성장시킬 '미래의 나'로 보았다. 그러한 잘못된 생각으로 아이와 나 사이에 약간의 거리도 허용하지 않았고 정서적으로 과도하게 유착되어 아이를 내 멋대로 조종하려 들었다. 사실 그때는 내가 아이를 조종하고 있다는 인식조차 하지 못했다. 엄마로서 당연히 해야 할 의무와 책임을 다하며 육아에 최선을 다하고 있다고 자부했다.

육아에서 보이는 나의 대부분의 강압적인 태도를 헌신이나 사랑이라고 그럴듯하게 포장하며 스스로를 좋은 엄마라고 착

각하고 있었다. 그러나 객관적으로 들여다보면 아이에게 좀 지나치다 싶을 정도의 간섭을 하고 사사건건 통제했다. 엄마의 말이 곧 진리이자 법이라는 듯 내 말을 듣지 않으면 무슨 큰일이 일어날 것처럼 말하고 아이에게 복종을 요구했다. 아이가 클수록 나와 아이의 관계는 견주와 목에 단단한 목줄을 채운 애완견의 관계가 되어 가고 있었다.

나는 "보리밭에 달 뜨면 애기 하나 먹고 꽃처럼 붉은 울음을 밤새 운" 서정주의 〈문둥이〉이라는 시속의 문둥이처럼 내 새끼를 잡아먹는 문둥이였다. 직장에서 받은 스트레스와 원래 내가 가지고 있던 신경증 모두가 응축되어 나를 짓누르는 피곤한 저녁이 되면 나는 아이를 가르치는 괴물로 변신하여 거의 매일같이 아이를 잡았다. 딸아이는 결코 원하지 않았을 엄마 선생님이 되었던 것이다. 직장 일에 퇴근 후 집안 일에 진액이 다 빠져나간 사골 뼈 상태가 되었지만 아이를 위한다는 미명 아래 야간 학습 지도를 한 것이다. 그것도 겨우 예닐곱 살의 아이에게.

그 어린아이의 오장육부를 다 파먹고 어디서부터 시작된 건지 근원도 모르는 화를 기어이 아이에게 다 쏟아내고 나서야 그날 엄마의 의무를 끝냈다. 좀 심했던 밤이면 죄책감에 시달리며 내 방으로 돌아와 참 많이 울었다. 아직도 젖비린내가 나는 그 귀엽고 사랑스러운 아이에게 도대체 나는 무슨 권리로 아이의 행복권을 밤마다 박탈하고 있는지. 도저히 나를 용서할 수 없었다.

"엄마가 잘못했어, 정말 미안해. 너는 잘못한 게 없어. 엄마가 너무 피곤해서 화를 참지 못했어. 다시는 안 그럴게. 진짜 미안해." 이런 식의 사과를 하기 시작했다. 어떤 날에는 "네가 잘못될까 봐 걱정돼서 그랬어. 다시는 화 안 낼게. 미안해."라고 변명을 늘어놓으며 사과했다. 웨인다이어의 『행복한 이기주의자』를 보면 이러한 태도를 하나의 노이로제 반응으로 설명하는 글이 있다. "우리들이 오랜 세월 동안 걱정과 자책감을 일으키는 메시지를 받아들이고 있는 이유는 무엇일까? 대체로 자책감을 느끼지 않으면 어쩐지 '나쁜' 것 같고 걱정하지 않으면 어쩐지 '매정'하게 여겨지기 때문이다.……이는 따뜻한 사람이라는 꼬리표를 얻기 위한 노이로제 반응이다."

엄마가 먼저 산소 마스크를 쓰자

그렇다. 나는 아이에게 행한 잘못된 행동에 대한 자책감과 아이의 미래에 대한 걱정에서 기인한 행동이었다는 변명을 하며 속으로는 '따뜻한 엄마', '좋은 엄마'라고 위안을 삼았던 것이다. 하지만 이미 아이의 마음에 상처를 내고 뒷수습을 하는 식으로는 근본적인 문제 해결이 되지 않았다. 아이는 나의 사과를 더 이상 신뢰하지 않기 시작했다. "사과하면 뭐해요? 다음에도 또 그럴 거잖아요." 아이는 울면서 희망이 없다는 듯 말했다. 감사하게도 아이는 끊임없이 마음이 아프고 힘들다는 사인을 내게 주었다. 어린 시절 나는 아빠의 위협적인 태도들이 무서워 조용히 입을 다물고 나만의 세계로 숨어버렸다. 그것이 오히려 후에 나 자신과 내 가족에게 어마어마한 시한폭탄이 되리란 걸 그때는 몰랐던 것이다.

똑똑한 아이로 키우기 위한 육아서들을 몽땅 버리고 육아 심리서를 읽기 시작하면서 내 안에 문제가 보이기 시작했다. 그리고 아주 조금씩 내 언행에 변화가 오기 시작했다. 아이에게 폭발하는 횟수가 줄어들고 특히 사과하는 내용이 달라졌다. "엄마 안에 상처받은 아이가 있어. 어린 시절에 제대로 사랑받지 못해서 아직도 화를 내고 있고 울고 있는 아이가 있어. 그래서 엄마가 그 아이를 모른체하고 잘 달래주지 않으면 이렇게 화를 내고 마는 거야. 만약에 엄마가 화를 낼 것 같으면 STOP!이라고 말하고 엄마를 꼭 안아줄래? 조금만 기다려줘. 엄마가 더 노력할게. 정말 미안하다." 이렇게 사과하면 초등학교 저학년이던 아이가 나를 꼭 안아주면서 위로해 주었다. "엄마는 꼭 이겨낼 수 있을 거예요. 많이 좋아지고 있어요. 엄마, 힘내세요."

오프라 윈프리는 『내가 확실히 아는 것들』에서 비행기의 산소 마스크 이야기를 언급한다. 자신이 먼저 마스크를 쓰지 않으면 다른 사람을 구할 수 없다는 것이다. 그렇다. 엄마가 먼저 산소 마스크든 구명조끼든 자신이 살 수 있는 도구를 사용해야 내 금쪽같은 새끼를 살릴 수 있다. 우선 엄마 자신을 돌보고 난 뒤 집안일과 아이 돌보기를 해야 한다. 피곤한 몸과 마음으로 능력 밖의 책임감과 개나 줘도 되는 죄책감을 양쪽 어깨에 메고 아이의 공부를 봐주고 식사를 준비하는 것은 오히려 화만 부른다. 부정적인 에너지가 가득한 상태에서 어찌 고운 말이 나오고 좋은 음식이 만들어지겠는가. 우선 엄마가 자신의 몸과 마음을 돌보는데 시간을 써야 한다. 그래서 정서가 안정되면 아이에게 초 밀착형 엄마 선생님이 되지 않아도, '널 위해 이렇게 고생하며 준비했어.'라는 식의 허울 좋은 식사 대신 라면 하나만 끓여줘도 아이는 엄마의 사랑을 신뢰할 수 있다.

엄마는 따뜻한 햇살을 내리는 태양

자식은 부모의 거울이라는 말은 들을 때마다 어쩐지 거북스럽고 거부하고 싶지만 받아들일 수밖에 없는 진리다. 우리 아이들은 어떤 문제에 직면했을 때 부모가 보이는 감정과 태도, 말 습관 등을 그대로 흡수한다. 언제 배웠는지 기가 막히게 카피해서 따라 하고 있다. 특히 부정적인 것은 더 빨리 흡수한다. 따라서 우리가 아이에게 엄마로서 진정으로 해야 할 의무는 100점을 맞게 하기 위한 학습 지도도 거창한 식단도 아니다. 오래된 마음의 상처를 자신만의 전략으로 치유해 나가는 용기와 의지력, 자기 앞에 놓인 어려운 과제들 앞에서 포기하지 않고 헤쳐 나가는 책임감을 몸소 보여주는 것이다. 즉 자기 삶의 주인은 나 자신임을 엄마가 자신을 치유해가는 과정을 보여주며 아이 스스로 깨닫게 해주는 것이다.

엄마는 태양이다. 그곳에 언제나 존재하며 세상을 향해 아무런 조건 없이 따뜻한 햇살을 내리는 태양. 엄마는 변함없는 태양, 즉 에너지원이어야 한다. 엄마가 빛을 잃고 무기력하고 우울해 있으면 가족 모두 빛을 잃는다. 그러나 엄마가 항상 밝고 긍정적으로 살고 부지런하게 몸을 움직이면 가족 구성원 모두 엄마로부터 에너지를 충전 받아 각자의 삶을 진취적으로 살아갈 수 있다. 내가 먼저 변하면 된다. 남편이 무뚝뚝하고 무관심한 편이라도 내가 상냥하고 친절한 모습을 지속적으로 보여주면 남편도 변하기 시작한다. 도와주려고 하고 예전과는 다른 활기를 띠게 된다.

부부치료 전문가인 수전 존슨 박사가 『날 꼬옥 안아줘요』에서 한 말을 잊을 수 없다. 우리가 자녀에게 줄 수 있는 가장 훌륭한 선물은 배우자와 좋은 관계를 맺는 것이다. 이것은 단순히 감상적인 생각이 아니라 과학적 근거에서 나온 말이라고 한다. 나는 변화를 마음먹은 후에 항상 불평과 탓을 하던 것을 멈추고 남편의 작은 도움이나 잘한 일 앞에서 그냥 지나치지 않기 시작했다. "역시 우리 남편!", "당신 덕분에 내가 기분이 좋아졌네. 고마워!" 등 칭찬과 감사의 말을 쓰니 경상도 남자라고 해도 입꼬리가 아주 살짝 올라가는 게 느껴졌다. 특히나 조금이라도 언쟁을 하면 바로 화해하는 모습을 아이 앞에서 일부러 보여주었다. 아이에게 안정감을 주려는 의도가 있었지만 좋은 관계를 맺는다는 의미에는 어쩌면 용서와 화해가 더 중요하다는 것을 보여주자는 마음이 컸다.

남남끼리 만나 가정을 이뤘는데 완벽한 가정환경을 아이에게 조성해주겠다는 꿈은 애당초 미친 짓이다. 『관계를 읽는 시간』에서 문요한 정신과 의사는 다음과 같이 당부한다. "안정적 애착이란 끝없는 '단절 – 회복'의 경험으로 만들어지는 동아줄이

지, 부모의 초인적 인내와 정성으로 한 번도 금가지 않고 빚어
낸 도자기가 아니다. 그러니 제발 천사 같은 부모가 되려고 하
지 마라." 부부는 튼튼한 동아줄로 만든 흔들다리와 같다. 내
아이가 자신만의 세상으로 건너가기 위해 꼭 거쳐야만 하는 다
리인 것이다. 아이가 부모의 흔들다리를 건너는 동안 다소 불
안하고 두렵겠지만 부모 한쪽이라도 출렁거림을 잠재우고 다
시 안정감을 주며 그 다리가 안전하다는 믿음만 심어준다면 아
이는 오히려 가정에서 사회 적응력을 배우게 된다. 더불어 불
안에 둔감하게 반응하며 스트레스에 대한 회복 탄력성도 자연
스럽게 키우게 될 것이다.

딸이 꿍짝이 가장 잘 맞는 친구이자 스승이 되기까지

몇 해 전 동네 하천이 범람해서 한 중학생 아이가 물살에 떠
내려간 안타까운 사건이 있었다. 며칠 동안 그 아이가 누구인
지 모르다가 어느 날 딸아이를 통해 그 사건의 희생자인 학생
의 이름을 들었다. 그때 순간 울음이 쏟아지고 말문이 막혔다.
그 아이는 4학년 때 내가 가르쳤던 아이였는데 자기 소신이 뚜
렷하고 최선을 다하는 멋진 남학생이었다. 일순간 그 아이와
아이 엄마 얼굴이 오버랩 되면서 엄마의 슬픔이 고스란히 느껴
졌다.

한동안 그 하천을 쳐다보지 못했다. 언제 하이드처럼 한 아이를 삼킨 잔인한 행동을 했냐는 듯 지킬 박사로 돌아와 선한 얼굴로 유유히 흘러가는 모습이 가증스러웠다. 무엇보다 아이 엄마가 느꼈을 고통과 상실감 그리고 참을 수 없는 후회들이 상상이 갔다. 더 사랑한다고 말해줄걸, 더 안아줄걸, 너 자체로 충분하다고 말해줄걸, 항상 내 아이로 태어나줘서 고맙다고 말해줄걸, 더 기다려줄걸, 최대한 야단치지 않고 친절하게 알려줄걸, 아이의 말에 더 귀를 기울여줄걸, 절대 아이에게 외로운 마음이 들지 않게 할걸. 후회가 파도처럼 밀려와 밤마다 잠을 설쳤을 것 같았다. 그 귀한 아이의 죽음이 헛되지 않게 하려면 지금 내 앞에서 어슬렁거리고 있고 잘 먹고 잘 싸고 잘 자는 저 아이에게 매일 살아있음에 감사해야 한다고 다짐하고 또 다짐했다.

　아이의 존재 자체에 감사한 마음에 깃들고 나 자신을 온전하게 사랑하자 책임과 의무의 대상으로 보이던 아이가 그 자체로 사랑스러운 존재로 비쳤다. 여드름이 여기저기 난 성난 얼굴이며 등드름이 꽃처럼 피어있는 넓적한 등, 아기 냄새는 온데간데없고 땀 냄새와 호르몬 냄새만 남은 사춘기 아이가 됐지만 그 아이를 안고 뽀뽀하고 쓰다듬는 진짜 사랑이 담긴 스킨십을 할 수 있게 되었다. 아이는 무심하게 성은을 베풀 듯 볼을 대주고 대충 영혼 없이 내 품에 안겨주지만 금세 장난을 치며 내가 하는 행동을 따라 한다. 내 궁둥이도 팡팡 두드리면서.

　요즘 주로 쓰는 말은 "힘!", "뭐 어때?", "괜찮아", "그만하면 자알~했어", "잊어버려", "오늘도 하루를 살아내느라 수고했다" 같은 부류의 쿨한 표현들이다. 실수에 엄격하게 혼을 낸 상흔으로 완벽주의 성향이 있는 아이에게 매일 상비약처럼 발라주는 말 연고이다. 실수나 실패를 두려워하면 자신에게 충분한 능력이 있음에도 모험심이 약해진다. 용기를 내기가 쉽지 않은 것이다. 그래서 요즘은 물건 구입, 문제집 선택, 인터넷 강의 신청 등 많은 부분에서 아이에게 선택권을 준다. 어떤 대회에 나가는 것도 이제는 강요하지 않는다. 그랬더니 오히려 자기 삶에 대한 주인의식을 갖고 공부도 계획적으로 더 열심히 한다. 아이가 원치 않는 개입을 멈추고 필요할 때 도움을 주는 방식으로 바꾸니 더 이상 신경전을 할 필요도 없어졌다. 아이에게 진정 필요했던 것은 믿음 그 자체였던 거다.

　나는 요즘 나보다 서른두 살은 더 어린 딸아이에게서 위로받고 지혜를 얻는다. 한 번은 "엄마가 속한 글쓰기 모임에서 대부분 회원들이 석박사인데 엄마만 학사라서 조금 쫄린다, 어쩌지?"라고 말했더니 아이가 우문현답을 했다. "엄마, 쫄지 마요. 저도 학원에서 그쪽 강남 애들한테 절대 안 쫄아요. 제가 더 잘하면 되죠. 뭐. 그리고 엄마는 학사인데도 그런 모임에서 같이 공부한다는 게 더 대단한 거 아니에요?" 무릎을 쳤다. 또 한번은 내가 웃기는 춤을 추면서 "엄마는 몸은 사십 대인데 마음은 여전히 이십 대 같으니 이상하지?"라고 했더니 "엄마, 몸은 이십 대인데 마음이 사십 대인 사람도 있을 텐데 그것보단 백배 낫지. 더 춰! 괜찮아."라고 말했다. 마음의 상처를 극복하고 멋지게 자라서 엄마를 위로하기까지 해주다니. 너무 대견하고 고마웠다.

또 내가 새벽까지 컴퓨터 앞에서 글을 쓰고 있으면 화장실에 가려고 일어났다가 이런 말을 해서 감동을 주었다. "엄마, 나도 꼭 내가 하고 싶은 일이 생기면 엄마처럼 폭풍 몰입할 거예요. 저는 엄마가 자랑스러워요." 간혹 우리는 각자 자기 할 일을 열심히 끝내고 만난 밤이면 서로 너무 반갑기도 하고 스트레스도 풀 겸 음악에 맞추어 막춤을 추기도 한다. 항상 아이가 먼저 신청한다. 지코의 '아무나'에 맞춰서는 섹시한 춤을, 홍진영의 '엄지 척'에 맞춰서는 격렬한 춤을, 동요 '둥근 해가 떴습니다'에 맞춰서는 과격한 춤을 추어댄다. 그러고는 숨을 헉헉거리며 주저앉아 한바탕 웃는다. 어느새 딸은 나와 꿍짝이 가장 잘 맞는 친구이자 스승이 되어있다.

인에이블러를 사직하고 발랄하고 듬직한 집사가 되자

『나는 내가 좋은 엄마인 줄 알았습니다』, 아이와의 관계를 재정립하고 개선해야겠다는 마음을 먹었을 때 만난 책이다. 책은 190쪽으로 얇은 편이지만 내용만은 그 이상으로 묵직했다. 내 원가정에서의 부모와의 관계 그리고 가정을 이루기 시작한 단계부터의 나의 역할을 전체적으로 조망해 보는 시간이었다. 어쩌면 나도 인에이블러(조장자)였는지 모른다. 아이 스스로 독립하기보다 나에게 의존할 수밖에 없이 만든. (enabler)란 '누군가를 도와주고 있다고 본인은 생각하지만 실제로는 자신에게 의존하게 함으로써 의존자가 자율적으로 삶의 과업을 수행하여 성장할 수 있는 기회들을 박탈하는 사람'이라는 뜻이다. 가족에게 인에이블러였던 저자 안젤린 밀러의 통렬한 반성과 개선 과정에서의 체계적인 실천 사항 등 모든 고백 하나하나 빠짐없이 내 뇌와 가슴을 두드렸다. 그중에 "그들은 내가 선택한 대로가 아니라 자신이 선택한 대로 살 권리가 있다." 이 말이 훅 들어왔다.

처음부터 자식에게 삶의 선택권을 준 현명한 어미가 있다. 상수리나무다. 혹시 도토리가 둥근 이유를 아는가? 어린 도토리가 엄마인 상수리나무 그늘 밑에서는 싹을 틔우기 어려우니 엄마에게서 더 멀리 떨어지도록 잘 굴러가라고 둥글게 생겼단다. 엄마 상수리나무는 알고 있었던 거다. 부모와 자식 간에도 처음부터 일정한 거리가 필요하다는 걸. 자신이 낳은 새끼지만 그 작은 아이도 자신과 동격의 완전한 상수리나무라 인정했기에 멀리서 떨어져 건강한 나무로 자라기를 기도하며 지켜볼 수 있지 않았을까. 담담하게 또는 듬직하게.

 나도 상수리나무의 지혜를 닮고 싶다. 딸아이는 어떤 나무로 자랄지 아직은 알 수 없지만 내가 아이에게서 멀리 떨어져 빛을 쬐어 주는 태양이 되기로 한 이상 분명 밝고 건강하게 자라 자신만의 꽃과 열매를 맺는 나무가 될 거라 믿는다. 이제 보니 아이는 시크하고 독립적이며 독특한 매력을 지닌 고양이과였다. 그런 아이를 개과인 내가 강아지 다루듯 했으니 얼마나 답답했을까. 여하튼 우여곡절 끝에 이제는 나와 아이와의 관계를 제대로 정립할 수 있을 것 같다. 발랄하고 듬직한, 줄여서 발직한 집사와 까칠한 고양이. 새로운 직책이 참 마음에 든다. 집사가 된 기념이자 좋은 집사가 되기 위한 다짐으로 다음 노자의 명언을 큰소리로 읊어본다.

 내가 간섭하지 않으면, 그들이 스스로 자신을 돕는다.
 내가 지배하지 않으면, 그들이 스스로 바르게 행동한다.

내가 설교하지 않으면, 그들이 스스로 개선한다.

내가 강요하지 않으면, 그들은 진정한 자기 자신이 된다.

나는 지금 사춘기 고양이를 둔 집사다. 그 어떤 간섭도 지배도 설교도 강요도 냅다 버려야 한다는 뜻이다. 정신줄을 놓고 이 중에 한 개라도 했다가는 바로 날카로운 이빨을 드러내며 하악질을 하는 모습과 맞닥뜨려야 한다. 이때 집사로서 취해야 할 행동은 아이의 분노와 공격성을 받아주는 거다. 『몸이 나를 위로한다』에서 남희경 심리치료사가 말했듯 아이는 누군가로부터 자신의 분노가 온전하게 받아들여졌을 때, 더 이상 그것을 억압하거나 외면하지 않고, 자신의 것으로 수용할 수 있다고 한다. 자녀의 공격성을 제대로 받아주지 않으면 아이는 내면에 원인 모를 분노를 안고 심리적 불구가 되어 온전하게 성장할 수 없다. 그걸 몸소 체험한 엄마이니 그 같은 심리적 대물림은 여기서 끝내야 한다.

그래서 마지막으로 집사에게 꼭 필요한 건 '심리적 맷집'이다. 몸집은 작고 약하더라도 마음만은 '마동석'쯤 돼야 하지 않겠는가. 불시에 들어오는 아이의 잽을 여유 있게 받아주고 얼굴에는 귀여운 미소까지 지을 수 있게 말이다. 가정에서 제대로 분노가 받아들여지면 아이는 더 이상 외부에서 분노를 표출하거나 반대로 심리적으로 의존할 대상을 찾지 않아도 된다. 그러면 엔소니 드 멜로 신부님이 『행복하기란 얼마나 쉬운가』에서 주장한 '교육이 사람에게 주어야 하는 첫 번째 혜택'으로써 두 가지 요소, 즉 '혼자일 수 있는 능력'과 '자기 눈, 머리, 가슴, 생각, 느낌을 신뢰하는 용기'를 가정교육에서 자연스럽게 챙길 수 있지 않을까. 인에이블러 부모 말고 발랄하고 듬직한 집사를 통해서.

이제라도 다른 딸이 되기로 결심했다

―――

새는 알에서 나오려고 투쟁한다. 알은 세계이다.
태어나려는 자는 하나의 세계를 깨뜨려야 한다.
- 「데미안」中에서 -

당신은 아버지 혹은 부모를 객관적으로 바라본 적이 있는가?
여기 픽션을 거부하고 자기를 글쓰기 재단에 재물로 바친 용감
하다 못해 처절하게 솔직한 작가가 있다. 자신의 삶을 철저하
게 해부해서 코르크 마개처럼 목구멍을 틀어막은 가장 묵직하
고 은밀한 이야기를 살기 위해 토해내는 것이다. 어떠한 은유
나 묘사도 없이 '칼 같은 글쓰기'를 보여줌에도 불구하고 그녀
의 글에서 진하게 배어 나오는 슬픔과 좌절은 완벽한 사실과
진실에 기반을 두었기 때문에 느끼는 것이리라. 그래서 작가
아니 에르노는 동시대의 어떠한 작가보다 당당하다.

그녀에게 글쓰기는 헌신이었다. 몸과 마음을 바쳐 온 힘을
다해 알을 깨고 나와 뚝뚝 떨어지는 피로 글을 쓰는 것이다.
그녀는 이렇게 말했다. "만일 책을 쓰지 않았다면 죄책감을 느
꼈을 것이다."라고. 무엇에 대한 죄책감이었을까. 단지 아버지

에 대한 마음만은 아니었을 것이다. 아마도 불안과 우울, 슬픔과 번민 등으로 괴로워하며 '온전한 나', '순수한 나'로 존재할 수 없음에 대한 '나 자신'을 향한 미안함이 아니었을까.

아빠가 부끄러웠어요

『부끄러움』이라는 책에는 아버지의 폭군적 행위와 노동자 계층에서 경험하는 저열하고 곤궁한 삶에 대해 아니 에르노 작가가 느낀 부끄러움을 여과 없이 보여준다. 굉장히 담담하고 차갑게 당시의 상황과 감정이 서술되어 있음에도 불구하고 나는 숨을 죽이고 그녀의 감정에 몰입했다. "한 사건 후에 일어난 사건은 앞선 사건의 그늘 아래서 체험되는 것이다."라는 말에서는 비슷한 경험을 한 사람끼리만 공유할 수 있는 묘한 동질감과 함께 그녀와 나 모두를 향한 연민의 눈물이 흘렀다.

나 또한 오랜 시간 동안 내 안을 지배해 온 감정이 바로 '수치심'과 '열등감'이었다. 자기중심적이고 버럭 화를 잘 내며 폭언을 하고 완력까지 쓰는 아빠의 모습을 보면서 부끄러웠고 내가 존중받을 자격이 없는 무가치한 존재라고 여겼다. 특히 다섯 살 무렵 엄마를 향한 폭군적 행위에 적나라하게 노출되었던 경험은 그대로 내 머릿속에 선명한 사진처럼 찍혀 그 사건 이후 더 이상 아빠를 예전처럼 대하지 못했다. 아니 에르노의 표현을 빌리자면 바로 그 이후의 삶은 앞선 사건의 그늘 아래서 펼쳐진 것이다.

아무리 아빠가 성실하고 간혹 화기애애한 집안 분위기를 조성해도, 밝게 웃으며 내 볼에 뽀뽀를 해줘도 그 상황을 있는 그대로 받아들이지 못했다. 한 인간의 존재를 종합적이고 통합적으로 바라보기에는 나는 너무 어렸다. 어리석게도 흑과 백의 논리에 갇혀 이분법적으로 아빠를 바라본 것이다. 다정다감한 모습은 거짓과 위장이고 오로지 폭군이 되었을 때의 모습만 진짜라고 여겼다. 그에게 눈물이 많은 여린 면이 있고 정이 넘치는 인간미가 있음을 그때는 정녕 알지 못했다.

자아정체성이 형성되는 초등학교 1학년 이후 친구들이나 선생님과의 관계에서 문득 올라오는 부정적인 감정의 실체를 정확히 알지 못한 채 꽤 오래 심리적 불편함을 느꼈다. 지금 와서 돌이켜 보면 '나는 괜찮아', '우리 집은 문제 없어'라고 생각하는 자기기만에 빠졌고 그것이 오래 지속되면서 커져 버린 깊은 슬픔이 무의식 속에 감춰진 것이다. 존재 자체로 존중받고 일관적인 사랑을 받지 못했기 때문에 친구나 선생님이 조금만 뭐라고 하면 별거 아닌데도 주눅이 들고 억울해했다. 미세한 바람에도 곧 꺼질 듯이 흔들리는 촛불처럼 나는 그렇게 위태로 웠다.

 사춘기를 지나고 고등학교 때부터 드디어 나는 아빠와 부딪 히기 시작했다. 우울이 깊어지면 분노로 바뀐다는 것을 그때는 알지 못했다. 대학 입학과 취업, 이직 등 모든 중요한 진로 문 제에서 나는 철저히 혼자 고민하고 결정했다. 그로 인해 아빠 의 모진 폭언들을 감내해야 했다. 하지만 더 이상 아이가 아닌 나는 아빠에게 대들기도 하고 도저히 용납할 수 없는 완력 앞 에서는 절규하기도 했다. 아빠는 내가 왜 그랬는지, 어떤 생각 을 하고 있는지 묻지 않으셨다. 지금은 이해한다. 자신의 내면 도 들여다볼 여유도 없이 사셨는데 어떻게 가족이라는 이름을 한 타인의 내면을 읽어줄 생각을 하실 수 있었겠는가.

 연애를 하고 사랑을 받는 동안에는 괜찮은 것 같기도 했다. 누군가에게 대체 불가능한 소중한 존재가 되는 경험은 확실히 수치심이나 열등감을 약화시키기 충분하다. 그러나 비슷한 내 면의 상처를 안고 있는 사람들끼리의 사랑은 '퐁네프의 연인 들'처럼 서로에게 너무 집착한 나머지 도가 넘는 기대와 그로 인한 실망을 반복하게 했다. 잦은 다툼은 이별로 이어지고 외 로움을 버텨내지 못하는 유아적 의존성은 금세 새로운 인연을 불러드렸다. 내면의 문제에 대한 탐구와 관계에 대한 성찰이 없이 끊임없이 비슷한 형태의 연애를 재생산해내고 있었던 것이다.

어느새 아빠를 닮아있는 나

하지만 지금의 선량한 남편을 만나고 삶이 비교적 순탄한 듯 진행되는가 했으나 출산과 함께 육아라는 의외의 복병을 만나게 되었다. 한 번도 직면하지 못하고 해소되지 못했던 내면의 그림자 속 부정적인 감정들. 그것들이 울분을 터뜨리듯 한꺼번에 동시다발적으로 튀어나왔다. 내 능력을 벗어난 희생이 결국 화를 부른 것이다.

열등감은 아이를 최고로 키워야겠다는 헛된 목표로 나를 끊임없이 채찍질했다. 슈퍼 워킹맘을 자부하며 자신의 업적을 자랑스럽게 늘어놓은 블로그 속 글과 정보를 보고 그들과 끊임없이 비교 경쟁하며 괴로워했다. 뒤집는 것, 말을 하는 것, 기저귀를 떼는 것, 걸음마를 시작하는 것, 이유식을 먹는 것 등. 하나부터 열까지 '남들보다' 빠르고 잘해야 한다는 강박에 사로잡힌 거다. 오로지 아이 자체의 성장 속도가 아니라 블로그 속 또는 주변 아이들과의 비교를 통한 성장에만 초점이 맞춰져 있었다. 그래서인지 그때 아이를 진심으로 사랑하지 못하고 매일 조금씩 성장해가는 모습 자체에서 온전한 기쁨을 느끼지 못했음에 지금도 가끔 가슴이 아프다.

아이가 커서 자기 의사를 말하기 시작하고 학습이라는 것을 하기 시작한 5세 이후부터는 아이가 기대 이상으로 잘하고 더 높은 성과를 보이기 시작하자 기대치는 하늘을 찌를 듯 높아졌다. 반면에 아이가 조금만 이해를 못 한다거나 다른 행동을 하면 분노가 일기 시작했다. 아이의 결과물이 기대에 미치지 못하면 손찌검이 불시에 튀어나와 아이에게 씻을 수 없는 상처를 남겼다. 사과를 반복해서 하고 내 가슴을 치면서 뒤에서 울어도 그때뿐이었다.

나도 내가 왜 이러는지 도통 알지 못했다. 내가 나를 제어하지 못하겠는 거다. 아이도 더 이상 사과하는 나를 믿지 않았다. 아이는 분노와 무력감이 뒤섞인 표정으로 "미안하다고 말하고 다음에 또 때릴 거잖아. 이제 안 믿어."라고 말했다. 당시에 나는 그 말에 반박할 수 없었다. 나의 폭언과 폭력은 그 누구를 완벽히 닮아있었고 내가 조절할 수 없을 정도로 부지불식간에 찾아왔기 때문이다. 아빠에 대한 분노와 거기에서 전이된 남편에 대한 미움과 서운함까지 더해져 괴물로 변한 분노의 감정은 내 소중한 아이를 어두운 구석으로 내몰고 있었다. 어린 시절의 나처럼.

 영리하고 뭐든 혼자서 척척 잘하는 아이는 나에게 멋진 액세서리가 되어주었다. 아빠가 나에게 바랐던 것처럼. 하지만 엄마에게서 안정적이고 무조건적인 사랑과 존중을 받지 못하는 아이는 자존감이 바닥으로 떨어져 버렸다. 조금만 실수를 해도 "내가 멍청해서 그래, 난 쓸모없는 존재인가 봐."라는 말을 하기 시작했고, 학교에서도 조금만 자기 마음에 들지 않거나 자기를 건드리면 참지 못했다. 누군가를 괴롭히거나 피해를 주지는 않았지만 자기 감정을 조절하지 못해 '똑똑하지만 예민한 아이'로 낙인찍혀 있었다. 엄마인 내가 해소하지 못하고 토해 낸 분노를 아이가 뒤집어 쓰고 본인도 어쩔 줄 몰라 하며 엉뚱한 곳에서 분출하고 있었던 거다.

 늦지 않았으니 이제라도 다른 딸이 되자

 나는 더 이상 '썩은 냄새 나는 알'인 과거 속에 갇혀 내 소중한 딸아이의 마음까지 오염시키고 싶지 않았다. 나처럼 똑같이 열등감과 수치심, 두려움과 분노에 휩싸여 불안정한 상태로 괴롭게 살아가게 할 수는 없었다. 거의 전복에 가까운 대변혁이 필요했다. 최진석 교수님의 말을 빌리자면 과거의 나를 살해해야 했다. 아빠와 얽혀있는 이 단단하고 썩은 연결고리를 과감히 끊어내고 새로운 나로 재탄생해야겠다고 다짐했다.

그래서 시작한 마음공부를 위해 우선 나만의 마음공부 대학을 설립하였다. 모든 강좌는 내 마음이 가는 대로 개설했다. 심리학에서 철학, 종교학에서 죽음학, 영성학에서 과학까지 그 과목은 소위 전방위적이었다. 거의 5년이라는 시간 동안 냄새나고 더러운 내 내면의 지하실에 지식을 쌓고 쌓고 또 쌓았다. 어느 순간부터 가장 밑바닥에 들러붙어 있던 더러운 감정의 쓰레기들이 흘러넘치더니 내 안이 비워지는 순간을 경험했다.

그리고 나는 아빠를 용서할 수 있었다. 아니 내 어찌 아빠에게 용서라는 말을 쓸 수 있을까. 아빠에 대한 오해와 부정적인 기억을 흘려보냈다는 말이 더 적합할 것이다. 아빠가 불쌍했고 죄송했고 감사했다. 미움이나 원망이나 분노는 조금도 남아있지 않았다. 다 씻겨 나갔다. 그를 객관적으로 바라보았고 한 인간으로 이해했으며 연민을 느꼈다. 그리고 처음으로 내가 어른이 되었다고 느꼈다.

아니 에르노는 또 다른 작품인 『남자의 자리』에서 아버지의 죽음 이후 그와 함께 했던 어린 시절을 회상하며 아버지를 딸이면서도 제 3자의 시각으로 담담하게 그려낸다. 작가는 아버지를 한 남자이자 인간으로서 객관적으로 바라보고 글을 썼다. 종합적으로 해석해보면 그녀는 그를 교양 없고 품위는 없었지만 그래도 자신의 위치에서 최선을 다하며 표현할 줄 모르는 '아비의 정'을 마음속에 간직하고 산 순수한 사람으로 기억한다. 나는 이 책을 읽으며 참 많이 울었다. 그녀의 아버지가 나의 아빠와 많이 닮아서. 그녀가 느낀 감정이 내가 느낀 감정과 너무도 비슷해서.

"어쩌면 그는 다른 딸을 갖고 싶었을지도 모른다."라는 문장 앞에서는 오열하고 말았다. 나는 한 번도 아빠에게 애교를 부리는 딸이 아니었다. 언제나 약간의 거리를 두고 할 말만 하는 아빠의 표현대로 '버릇없는 년'이었다. 아빠는 퇴근한 뒤에는 집을 지어 파는 일을 하며 투잡을 뛸 정도로 쉬지 않고 부지런히 사셨다. 아파트는 아니지만 항상 깨끗이 손수 지은 양옥집에 살게 해주었으며 결국에는 본인의 수준에서는 가장 최선의 결과물인 3층 상가 건물을 지어 올릴 때까지도 나는 가족을 제대로 부양하고자 하는 그의 엄청난 성실성과 책임감 따위에는 전혀 관심도 없었다. 그때는 그게 얼마나 피나는 절제와 인내가 뒷받침되어야 한다는 것을 몰랐으니까. 모자랐으니까. 그저 나는 아빠가 부끄러울 따름이었다. 어떠한 사과도 없이 아무 일이 없었다는 듯 엄마나 우리에게 말을 하고 웃고 떠드는 모습이 어린 마음에 납득이 가지 않는 것이다.

그러나 나도 마음공부의 진행과 함께 이 책을 읽고 그를 객관적으로 보기 시작했다. 못된 성질은 자신의 꿈이 좌절되고 가족을 먹여 살리기 위해 원치 않은 직장에서 타인의 비위를 맞추고 자존심을 구기며 사는 삶에서 그를 지탱해주는 원동력이었다는 것을. 우악스러운 성질은 예쁘고 똑똑하지만 좀처럼 고분고분하거나 나긋나긋하지 않는 엄마에게 자신이 사내임을 믿게 해주는 힘이었음을. 가족을 위해 자신을 희생하여 돈을 벌어오기에 그 정도의 감정 배설쯤은 눈감아 주리라는 믿음을 가졌던 것임을.

아무리 그가 잘못한 면이 있다고 하더라도 그의 다른 면까지 모두 싸잡아서 나쁜 부모로 추락시킬 이유는 어디에도 없었다. 분명 나는 아빠의 희생으로 자랐고 아주 풍족하지는 않았지만 그래도 많은 경제적 지원을 받아왔기 때문이다. 무엇보다도 'It's not the whole story' – 아빠의 안 좋은 쪽의 이야기가 그의 전부가 아닌 것이다. 나는 그럴 자격은 없지만 아빠를 한 인간으로서 부모로서 재해석했다. '밖에서와는 정반대로 가정에서는 교양과 품위는 없었지만 자신의 위치에서 최선을 다한 사람', '본인의 마음을 제대로 표현할 줄 모르는 사람', 그리고 '부정을 마음속에 간직하고 산 여리고 정이 넘치는 사람'이라고 결론을 내렸다.

과거는 바꿀 수 있다! 좋은 기억을 선택하자

이제 나는 나라는 한 인간이 그의 딸임을 받아들인다. 더 이상 그가 부끄럽지도 내가 부끄럽지도 않다. 그저 우리는 가족끼리 서로의 역할에 지나치게 '높은 이상'을 가지고 있었을 뿐이다. 또 서로에게 적당히 심리적 거리를 유지하며 살았어야 했는데 너무 밀착되어 '나와 너'를 구별하지 못한 것이다. 한마디로 '거리 조절에 실패했다.' 그것이 자신의 존엄과 품위를 지키지 못하고 서로를 존중하지도 못하는 '비매너 가족'이 되게 한 것이다. 코로나 시대에 '손 씻기와 기침 예절은 나와 가족을 지키는 최소한의 예의'라는 광고 문구가 있다. 이를 조금만 달리 바꾸면 가족 간에는 손과 입을 조심히 다루어 나와 가족의 마음 건강을 지키는 '최소한의 예의'가 필요한 것이다.

"소녀 시절에 그와 나 사이에 찾아온 그 거리"『남자의 자리』에서 참 마음에 든 표현이다. 그것은 아예 끝난 사이가 아니라 단지 간격을 줍힘으로써 아빠와 나 사이의 관계를 회복할 수 있다는 희망적인 표현으로 해석되었다. 아직은 아빠의 손을 잡거나 안아드리거나 사랑한다는 말을 하지는 못한다. 하지만 그를 바라보는 시선이 편해졌고 내 마음에서 자비로움을 느낀다. 그래서 평생을 무뚝뚝하고 도도한 딸인 내가 학교 아이들과 지인들에게는 잘도 하는 '포옹'과 '사랑해'라는 말을 이제는 천천히 시도해봐야겠다.

어찌 된 연유인지는 모르나 초등학교 1학년 여름 방학 때인가 아빠와 동네분들과의 물놀이에 혼자 따라가게 된 그날이 떠오른다. 관광버스를 타고 변산반도에 놀러 갔던 날. 그때 아빠와 단둘이 찍은 사진 속에 아빠는 노란색 사각 수영복을 입고 있었고 나는 분홍색 꽃무늬 원피스 수영복에 꽃 수술이 덕지덕지 달린 수영모를 쓰고 있었다. 아빠는 환하게 웃고 있었고 나는 어색한 표정을 짓고 있었다. 팔이 닿지 않는 정도의 거리감을 유지하면서.

이제라도 그 간격을 줍혀보고 싶다. 분명 아빠는 기다리고 있으셨을 거다. 내 앞에서는 한 번도 표현하지 않으셨지만 주변에는 침이 마르게 자랑하고 다니셨던 그 딸이 먼저 손을 내밀어주기를. 자기 안에 흥과 꿈을 모두 억누르고 자식들이 번

듯하게 자라기를 바라셨던 그 거친 손을 잡아주기를. 그날 관광버스에서 아빠는 기분 좋게 술 취하신 듯 마이크를 잡고 내리 몇 곡을 멋들어지게 부르셨다. 40년 가까이 지난 지금도 그 노랫소리가 귓가에 맴돈다. '꽃 피는 동백섬에 봄이 왔~거~언만 형제 떠난 부산항에 갈매기만 슬피~우~네.', '젖은 손이 애처로워 살며시 잡아 본 순간~ 거칠어진 손마디가 너무나도 안타~까~워~서' 아빠와 꼭 한 번 노래방에 가서 손을 잡고 이 노래들을 불러보고 싶다.

　앞으로는 아빠에 대한 좋은 기억만 떠올릴 수 있겠다. 『아무것도 하지 않으면 아무 일도 일어나지 않는다』에서 아들러 심리학의 1인자인 기시미 이치로는 이렇게 말한다. "과거는 바꿀 수 있습니다. 과거 또한 의미를 부여하는 것이어서, 과거의 일을 떠올리는 사람의 '지금'이 달라지면 그에 따라 과거 역시 달라지기 때문입니다." 그동안 나는 아빠에 대해 '나쁜 부모'라는 프레임을 씌우고 무수히 많은 기억 중에 안 좋은 기억들만 떠올렸다. 아들러의 목적론의 관점에서 보면 실은 아빠와 적극적으로 관계를 맺고 싶지 않다는 목적이 있었던 것이다. 어쩌면 내가 아빠에게 다른 딸처럼 살갑게 대하지 못함을 정당화하기 위해 그랬을 수도 있다. 기억도 선택이다. 이미 밝은 쪽을 선택한 이상 최대한 아빠와의 좋은 기억들만 건져 올리련다. 그게 관계 개선의 첫 단추일 테니까.

　드디어 나는 알을 깨고 한 발을 내밀었다. 그 발은 단순한 발이 아니다. 아주 예민한가 하면 편안하고, 까칠한가 하면 따뜻하고, 단순한가 하면 깊이를 알 수 없는 발이다. 눈도 달려 있지 않고 귀도 없지만 놀라운 감지력으로 세상의 온도와 바람의 방향과 사람의 시선을 단박에 알아챌 수 있는 기이한 발이다. 그 발이 말한다. '나도 까짓것 세상에 발을 내딛고 살 테다. 과거는 잊고 건강해진 나를 바로 세워 앞으로 나아갈 테다. 내 아이의 좋은 엄마라는 이름으로, 내 아빠의 자랑스러운 딸이라는 이름으로.

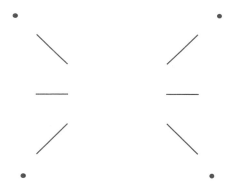

두 번째 수업

'새로운 나'를 일으켜

생기발랄한 일상을 만든

치유 놀이

그림은 나의 심리 멘토

———

그림을 마주보며 스스로에게 무엇을 느끼는지 질문하는 일은,
그리고 그 대답에 귀 기울이는 일은 결코 사소하지 않습니다.
작고 미약할지언정,
자기 자신에게 살아있다는 실감을 선물하는 일이 될 수 있으니까요.
- 최혜진의 「우리 각자의 미술관」中에서 -

사람이 아니라 그림에게 내 마음을 들킨 적이 있는가? 마음을 흔들어 눈물이든 웃음이든 짓게 만드는 그림. 저 깊은 내면의 나에게 말을 거는 그림. 나도 미처 알지 못했던 나의 상처를 어루만져주고 다시 일어서게 해주는 그림을 만난다는 건 얼마나 감사하고 감격스러운 일인지. 나에게 그림에 대한 호기심을 품게 한 첫 그림은 구스타프 클림트의 〈키스〉이다. 한참 취업 준비를 하던 대학교 4학년 때 우연히 백화점 홍보팀에서 근무하는 한 선배가 VIP 선물용으로 기획해서 나온 거라며 탁상용 달력을 내게 주었다.

"알지? 구스타프 클림트. 그의 유명한 대표 작품들로만 엮은 거야. 예쁘게 빠졌더라."

선배가 이 화가를 모르면 간첩이라는 말투로 시니컬하게 말하는데 대뜸 모른다고 하기가 그랬다. 비문화인처럼 비칠까 봐서. 하지만 눈부시게 빛나는 황금빛 색채들과 무아지경에 빠져 있는 듯한 그녀의 표정에 압도되어 내 두 눈에는 그 그림을 처음 본 티가 여실히 드러났을 거다. 20년도 넘은 오래전 일이지만 머릿속에 떠오른 세 가지 생각만은 선명하다. '아, 나도 이런 키스를 한 번 해보고 싶다'와 '이 그림을 실제로 보고 싶다' 그리고 '클림트라는 이 화가를 더 알고 싶다'

물론 그 이후 나는 이 세 가지 소원을 모두 이루었다. 그 키스의 주인공은 지금쯤 어느 하늘 아래에서 예쁜 가정을 꾸려 잘 살고 있겠지. 클림트에 대해서는 책을 사서 읽게 되며 '그림의 뒷이야기가 이렇게 재미있을 수 있구나'를 발견하게 되었고, 나중에는 클림트보다 그의 제자인 에곤 실레라는 화가와 그의 작품을 더 좋아하게 되었다. 마지막으로 20대 중반에 친구와 함께 간 유럽 배낭여행 중에 오스트리아 빈에서 〈키스〉의 실제 작품을 관람했으니 소원은 제대로 이룬 셈이다.

미술이라는 세계로의 입문

사실 진로를 끊임없이 고민하던 이십 대에 많은 사람들이 그러하겠지만 진로 못지않게 중요한 화두는 바로 '사랑'이다. 심리적 결핍을 완벽하게 채워줄 단 한 사람, 완벽한 일체감을 느끼게 해 줄 소울메이트를 찾는 일. 지금은 그런 완벽한 대상은 세상에 없으며, 내 안에 존재하는 아니무스(무의식 속에 있는 남성적 요소)와의 통합에서 답을 찾아야 한다는 것을 안다.

하지만 천둥벌거숭이처럼 철없이 헤매던 시절에는 내 남자에 대한 환상이 있었다. 아마도 그러한 낭만적 로망을 클림트 작품을 통해서 간접적으로나마 이루고 싶지 않았나 싶다. 클림트에 대한 사랑은 결혼과 동시에 시들해졌지만 그는 나를 미술의 세계로 입문하게 하고 아름다움을 느끼는 것의 즐거움을 최초로 알게 해 준 첫 화가로 기억될 것이다.

또한 그의 작품인 〈키스〉와 〈다나에〉, 〈여성의 세시기〉가 전사된 타일로 인테리어를 했던 신혼집, 그 공간과 그 시간은 그의 작품에서 품어져 나오는 기운 덕분에 지금의 딸을 임신하는 축복을 받은 가장 행복했던 기억으로 남아있다.

아이를 낳고 육아를 하면서 한 동안 그림에서 철저하게 멀어져 있었다. 그러다가 다시 그림에 다가가기 시작한 게 아마도 아이가 다섯 살 무렵 정도인 것 같다. 미술관에 가서 콧바람을 쐬고 싶은 이유도 있었지만 아이에게 미적인 감각과 아름다움을 느낄 줄 아는 감성을 길러주고 싶은 교육적 의도가 더 컸다.

  그렇지만 이 시기에는 미술관 관람이 아이 위주였기에 마음의 여유를 가지고 느긋하게 그림과 마주할 수 없었다. 그럼에도 불구하고 그곳에 가면 행복했던 이유가 일상에서 벗어나 조금은 느리게 나만의 걸음으로 아름다운 것들을 눈에 담을 수 있었기 때문이다. 그때까지만 해도 그림은 소통과 공감의 대상이라기보다 일상의 탈출구, 비현실 세계로의 도피의 수단이었다.

그림과 못 잊을 짧은 교감을 나누고 나면

  신기하게도 그림과의 첫 소통은 천경자의 작품을 통해서다. 십 년 전 육아로 힘들어하던 시기에 서울시립미술관에서 그녀의 이국적인 그림들을 처음 마주했었다. 첫 느낌은 아름답다라기 보다 왠지 쓸쓸하다는 거였다. 화려한 색채와 강렬한 붓 터치 사이사이 흐르는 상처와 고독의 모세혈관을 보고야 만 것이다. 조용히 흐느꼈었다. 제멋대로 올라오고야 마는 울컥함을 꿀떡꿀떡 삼키면서.

머리에 화관을 쓴 슬픈 눈의 여인들이 내게 이렇게 말하는 것 같았다.

"그래, 울어도 괜찮아. 울어. 많이 힘들지? 네가 없어진 것 같지? 하지만 이 시간들도 곧 지나갈 거니까 조금만 버텨. 그러고 나면 너도 네 날개를 펼칠 시간이 꼭 올 거야."

특히 서른다섯 마리의 뱀들이 뒤엉켜있는 〈생태〉라는 작품은 내게 이렇게 말을 하며 삶을 살아낼 용기를 주었다.

"지금의 너 자신이 나처럼 징그럽고 혐오스럽지? 그렇지만 그건 네가 만들어낸 환상이야. 너 자신을 있는 그대로 사랑해. 내가 다리도 없이 기다란 몸만 있고 차가운 비늘에 뒤덮여 있는 이상한 몸을 지니고 있을지라도 나는 나야. 그게 나야. 그게 너고. 이렇게 비슷한 숙명을 가진 종족들끼리 뒤엉켜 살며 서로 위로하고 용기를 주며 살면 되는 거야. 그러니 너답게 살아. 너를 너대로 바라봐주는 사람들 속에 가서 행복하게 지내. 그게 삶이야." 그때 처음으로 느낀 그림과의 짧은 교감은 결코 잊을 수 없다. 그 이후 나는 그림이 가진 생명력과 치유력을 강하게 믿게 되었다.

프리다 칼로의 그림들은 치유를 넘어서 창조하는 삶으로의 도전을 꿈꾸게 했다. 그녀의 작품을 한 마디로 표현하자면 '고통의 적나라한 은유' 딱 그거였다. 그녀는 자신의 생살을 찢고 저 밑바닥으로 내려가 소용돌이와 혼돈 속에서 고통의 실체를 산 채로 잡아온다. 이어서 자신만의 독창적인 방법으로 고통에 은유와 색을 입혀 이 괴물을 서서히 정복해 나간다. 지독한 아픔 뒤에 숨지 않고 붓이라는 무기를 들고 슬픔과 정면 승부한 여전사! 자신의 상처를 그림으로 승화시킴으로써 아픈 영혼들을 치유해 주는 상처 입은 치유자!

그녀를 닮고 싶었다. 나도 내 마음에 있는 알 수 없는 괴물을 산 채로 잡아 은유로 포장하여 벽에 걸어두고 싶었다. 그게 시로 표현될지 글로 표현될지 모르겠지만 내 눈물이 묻어 있는 글을 읽고 누군가도 나처럼 위로받을 수 있으면 참 좋겠다는 바람이 생겼다. 그렇게 프리다 칼로의 그림은 내 안에 있는 창작의 본능에 작은 불씨를 지폈다.

내 공간을 나만의 미술관으로 꾸미는 방법

나는 그림을 미술관에 가서 봐야만 제 맛이라는 생각은 하지 않는다. 미술관은 차갑고 도도하며 불친절한 공간이라는 생각이 들 때가 많다. 그렇지만 그곳에 온기를 더하고 관객과 그림 사이를 연결해 주는 천사가 있다. 그림에 대한 해박한 지식과 친절한 해설로 풀어내는 그림 이야기는 그림에 겹겹이 덮여있는 베일을 한꺼풀씩 벗겨낸다. 점점 그림 속 주인공들이 살아 움직이고, 그림 속 배경이 현실로 펼쳐지도록 우리의 눈과 뇌에 발동을 건다. 타임머신을 태워 그림이 그려진 그 시대로 시간여행을 가능하게 해주는 파일럿! 바로 도슨트다.

하지만 천사 같은 도슨트를 만나는 행운을 항상 누릴 수 있는 것도 아니거니와 바쁜 일상 속에서 미술관에 한 번 가려면 큰맘 먹고 가야 하므로 여간해서는 시간을 내기가 쉽지 않다. 그렇다고 그림을 통해 내면의 나와 조우하는 즐거움을 맛봐버린 나는 그림 보기를 포기할 수는 없었다. 그래서 목마른 사람이 우물을 파는 격으로 다른 대안책을 찾았다. 그 첫 번째가 바로 미술과 관련된 책을 읽는 것! 그 책을 읽는 공간은 그곳이 어디든 바로 나만의 편안한 미술관이 되었다.

미술과 관련된 책을 읽는 가장 큰 장점은 다양한 분야의 도슨트를 만날 수 있다는 것이다. 그들 각자가 가진 배경 지식, 삶의 경험, 글을 쓰는 방식이 다르기 때문에 하나의 그림에 대해 다양한 해석을 듣는 재미가 있다. 예를 들어 프리다 칼로의

〈머리카락을 잘라버린 자화상〉에 대해 이주은 미술사학자는 『그림에, 마음을 놓다』라는 책을 통하여 프리다 칼로의 〈머리카락〉을 해석한다. 그런데 그 설명이 특이하다. 사강의 『슬픔이여 안녕』이라는 소설의 슬픔을 인용한 것이다. 그녀의 슬픔은 기꺼이 고통스러운 현실을 받아들이는 초연함으로 들린다.

 반면 박연준 시인이 『밤은 길고, 괴롭습니다』에서 해석한 프리다 칼로의 슬픔은 처절하고 단호하게 끊어내겠다는 비장함으로 느껴진다. 이처럼 작가가 어떤 분야에 발을 담그고 있느냐에 따라 그림을 풀어놓은 이야기가 조금씩 다르다. 덕분에 우리는 하나의 그림을 더욱 풍성하게 만날 수 있다. 그로 인해 나는 내면에서 일렁이는 마음을 다양한 시각에서 바라볼 줄 아는 안목까지 얻었다.

 한없이 자신이 초라하게 느껴지고 한껏 울고 싶은 날이 있지 않은가? 그런 날에 나는 정여울의 『빈센트 나의 빈센트』 속 〈슬픔〉과 〈영원의 문〉을 들춰본다. 애잔한 마음으로 그림들을 바라보며 눈물을 쏟고 나면 어느새 마음이 한결 정화된 기분이 든다. 고흐의 그림뿐만 아니라 그 그림 속 절망에 대해 연민과 애정 어린 시선으로 풀어낸 작가의 해설이 더해져 마음이 일순간 따뜻해진다.

〈슬픔〉이라는 작품 속 여인을 물끄러미 바라보고 있으면 그녀가 내게 이렇게 말을 걸어온다. "왜 또 뭣 때문에 그리 슬픈 눈을 하고 나를 바라보고 있니?" 그러면 나는 내 마음속 이야기들을 두서없이 뱉어낸다. 고개를 푹 숙이고 조용히 내 말을 듣던 그녀는 자신의 슬픔은 잠시 접어두고, 가늘고 앙상한 팔로 나를 꼭 안아주며 이렇게 말한다. "괜찮아, 그런 날도 있는 거야. 먹구름도 더 이상 눈물을 머금고 있기 힘드니까 비를 쏟아내는 거잖아. 눈물샘도 슬픔이 꽉 차서 답답하니까 눈물을 내보내는 거야. 그뿐이야. 마지막 한 방울까지 다 내보내고 나면 개운해질 거야." 우리의 대화는 계속 이어지다가 마지막에는 꼭 감사로 끝이 난다.

> "언니는 눈물샘에 눈물이 마를 날이 없는 데도 불구하고 내 작은 슬픔마저 위로해 주네요. 저도 언니처럼 넉넉한 마음으로 사람들을 품을게요. 고마워요. 언니도 더 이상 아프지 마요."

그녀의 온몸에 배어있는 슬픔을 어루만진다. 쓰다듬는다. 그렇게 우리는 서로의 온기로 저 깊숙한 슬픔까지 녹여낸다.

두 번째로 그림을 편하게 만나는 공간은 바로 유튜브와 앱이다. 먼저, 〈서정욱 미술 토크〉는 서정욱 갤러리의 관장님이 직접 운영하는 유튜브 채널이다. 그녀는 그림 감상을 최대한 방해하지 않는 선에서 낮고 차분한 목소리로 그림의 뒷이야기를 설명해 준다. 그림을 오랫동안 화면에 띄어놓기 때문에 굳이 멈추지 않고도 설명을 들으면서 충분히 감상할 수 있다는 장점이 있다. 나처럼 느긋하고 여유 있게 감상하는 것을 선호하는 달팽이 과에게는 최적의 공간이라 하겠다. 주로 늦은 밤에 접속하는데, 듣고 있으면 그 우아함에 취해 어느새 잠이 스르르 온다. 사실 잠만큼 마음속 파도를 빠르게 잠재우는 것이 또 있으랴. 그런 의미에서 그녀를 심리 치유사라고 불러도 되지 않을까 싶다.

만약에 그림을 더 잘 이해하기 위해 미술사와 미학에도 관심이 있다면 그녀의 강의를 딱 한 번 들어보라. 15분 내외로 짧지만 쉽고 은근 재미가 있다. 천천히 책을 넘기며 읽는 것 같아서 마치 오디오 북을 듣는 것 같은 착각이 들기도 한다. 전공도 아닌데 피곤하게 미술사까지 알아야겠어?라고 생각할 수도 있다. 그런데 나는 나에게 말을 걸어오는 그림과 같은 언어를 사용하여 더 깊이 소통하고 싶기에 미술사 강의를 가끔 듣는다. 적당히 듣기! 이해 안 되면 패스! 부담감은 전혀 없다. 시험 볼 것도 아니니까.

〈널 위한 문화예술〉은 젊은 여성 에디터가 작가와 작품의 뒷이야기를 아주 흥미롭게 재구성하여 비교적 빠른 속도로 들려주는 유튜브 채널이다. 호기심을 유발하는 각각의 영상의 주제도 매력적이고 내용도 상당히 알짜배기로 이루어져 있다. 10분 내외의 짧은 영상을 다 보고 나면 심장 박동 수가 급격히 상승한다. 미술관을 한 바퀴 뛰면서 관람한 기분마저 든다. 살짝 어지럽기도 하는데 이건 순전히 나이 탓인 듯, 영상에는 아무 잘못이 없다. 특히 내가 빠뜨리지 않고 듣는 것은 이번 달에 꼭 가볼 만한 전시 Top4나 미술과 관련된 책을 소개하는 영상이다. 이 채널은 주로 낮에 기분이 다운되었거나 몸이 피곤할 때 접속하게 된다. 그러면 눈과 귀가 번쩍 뜨이면서 드링크제 한 병을 마신 것 같은 효과가 있다. 물론 지극히 개인적인 체험이겠지만.

〈데일리 아트〉는 '1일 1미술작품'을 감상할 수 있는 무료 앱이다. 매일 새로운 작품을 가독성 있는 해설과 함께 만날 수 있다. 주로 한가한 시간에 가벼운 마음으로 멍 때리고 보기를 추천한다. 단지 회화뿐만 아니라 조각과 도자기 작품도 감상할 수 있어서 지루하지 않은 편이다. 내게는 좋아하는 화가의 몰랐던 작품을 아는 즐거움도 크지만 호기심이 가는 작가들을 알아가는 재미도 쏠쏠하다. 단 한 번 7,900원만 결재하면 프리

미엄으로 모든 해설을 한글로 편하게 읽을 수 있다. 기록보관소가 있어서 휴대폰 안에 나만의 미술관을 만들 수도 있고, 그림을 공유할 수도 있는 참 매력적인 앱이다.

내게 말을 걸어오는 그림

세 번째는 작은 액자 그림이나 명화 달력을 내 책상 주변에 비치하는 거다. 정신없이 일을 하거나 머릿속이 복잡하고 짜증이 나려고 할 때 잠시 고개를 들어 액자 속 그림을 보면 순간 마음이 편안해지면서 하던 일과 생각을 멈추고 호흡을 하게 된다. 들숨, 날숨, 들숨, 날숨…… 그렇게 대여섯 번을 하다 보면 다시 평온함을 찾아 힘을 빼고 여유 있게 일을 할 수 있게 된다. 요즘 내 책상 위에 걸린 달력은 문숙의 『위대한 일은 없다』 책을 구입했을 때 사은품으로 받은 그림 달력이다. 모든 그림들은 선과 점만을 이용해 꽃이나 풀, 바람 등의 자연의 움직임을 단순하게 먹물로 표현한 것처럼 보인다. 이 달력 속 그림을 보고 있노라면 어느 산사의 다과 방에 앉아 맑게 우려낸 녹차 한 모금을 마시며 고요히 하얀 구름을 바라보는 느낌이 든다. "힘을 빼렴. 힘을 더 빼렴. 편안하게. 자연스럽게" 달력 속 그림은 그렇게 나에게 최면을 거는 듯하다.

최근에 내게 먼저 말을 걸어온 그림이 있다. 다름 아닌 조지아 오키프의 〈흰 독말풀〉이다. 김선현의 『그림 처방전』을 읽다가 알게 된 그림으로, 보는 순간 커다란 꽃 잎 속으로 빨려 들어가는 느낌이 들었다. 내가 그림에게 질문하며 첫 대화가 시작되었다.

"저를 부르셨나요?"

"그래, 맞아, 나를 더 깊게 들여다보렴."

"여기가 어디인가요?"

"너의 마음속이야. 네가 열심히 네 내면을 들여다보고 닦고 버리고 채우기를 반복하더니 영혼이 많이 맑아졌구나. 나는 네 마음속에 피어난 꽃이야. 이제 당당하게 피어나 네 뜻을 펼치렴. 높이 솟아오르렴. 네 안에 잠자고 있던 또 다른 너를 깨우렴. 그녀를 깨우는 일은 그 누구도 아닌 네가 해야 해. 네가 그 아이를 세상 밖으로 내보내렴. 그 아이도 준비하고 있었어. 그때를 기다리고 있었지. 바로 지금이야."

"제가 할 수 있을까요?"

"그럼, 당연하지. 넌 충분히 잘하고 있어."

40*30 크기의 캔버스 액자 속 하얀 꽃 그림은 그렇게 매일 나를 쳐다보며 응원해주고 있다. 나는 고개를 들어 이 그림을 볼 때마다 입 꼬리가 자연스럽게 올라가고 손에 힘이 쥐어지는

것을 느낀다. 이처럼 그림은 내 내면을 정확히 비춰주는 신비한 거울이자 다시 생기발랄하게 지낼 수 있는 힘을 불어넣어주는 내 전담 심리 멘토다. 그래서 그림은 매일 곁에 두고 봐야 한다. 심리 건강을 위해서. 그렇다면 이 마음을 위한 자양강장제는 몇 병 정도 마시면 될까? 하루 일 그림이면 충분하다. 우선 보자.

내가 캡슐 옷장에서 노는 이유

——

옷장의 문을 열어 내면을 깊숙하게 들여다보면 커다란 통찰을 얻을 수 있다.
그리고 진정한 나를 발견하고자 사투를 벌이면 자연스레 더 나은 모습으로
변할 수 있다. 어떤 옷을 입었을 때 편안하고 자신감이 생긴다면
삶의 만족도는 높아진다.
- 제니퍼 바움가르트너의 「옷장 심리학」 中에서 -

　지금 당장 당신의 옷장 문을 열어보라. 5분 이내에 당신이 가
장 편안하고 아름답게 보일 수 있는 옷을 고를 수 있겠는가?
만약 그럴 수 없다면 당신은 지금 캡슐 옷장 만들기가 필요한
사람이다. 캡슐 옷장이란 표현을 들어보았는가? 이는 1970년
대에 수지 폭스라는 영국의 부티크 오너가 30 ~ 40개의 의류
를 통해 완벽한 옷장을 구성할 수 있다고 말한 개념에서 나온
옷장이다. 그로부터 몇 년 후인 80년대에 도나 카란이라는 디
자이너가 이러한 개념을 반영한 컬렉션을 발표하며 캡슐 옷장
이 대중화되었다고 한다. 요즘은 미니멀리즘을 반영하여 '333
프로젝트'라는 이름하에 좀 더 창의적으로 나만의 컬렉션을 만
들고자 하는 사람들이 많아졌다.

나 또한 3년 전부터 미니멀 라이프를 조금씩 실천하면서 옷장에도 구조조정을 세 차례 했다. 사실 옷은 많이 줄어들어 옷장이 정리된 느낌은 있었지만 단순하고 체계적이지는 못했다. 이를 해결하기 위해 선택한 것이 바로 333 프로젝트의 캡슐 옷장이다. '33벌의 옷으로 3개월을 버티기'라는 재미있는 프로젝트에 동참해 보기로 한 것이다. 33벌의 옷을 고르는 과정에서 또 한 번 옷장에 구조조정이 이루어졌다. 이번에는 버리거나 기부하는 형태가 아닌 재배치의 성격을 띠었다. 결혼식과 같은 행사 때 입거나 여행지에서나 입는 옷은 다른 칸으로 옮기고 집에서 입는 옷은 개어서 서랍장으로 옮겼다. 여름이 아닌 계절의 옷들도 모두 다른 칸으로 옮겼다. 마지막으로 33벌의 여름옷들을 침대 위에 올려놓고 분류작업을 하여 같은 종류끼리 옷장에 걸었다. 가장 편하게 자주 입는 옷인 원피스를 앞에 배치하고 그다음에 윗옷, 외투, 스커트, 바지 순으로 정렬했다. 이제 마지막으로 남은 일은 나만을 위한 전담 스타일리스트, 바로 나 자신을 부르는 것이다.

캡슐 옷장을 만들면 가장 좋은 점이 옷을 코디할 맛이 난다는 거다. 옷이 종류별로 여유 있게 분류되어 있으니 옷을 고르기가 참 편하다. 간혹 그동안 같이 입지 않은 티셔츠와 바지를 매치했다가 만족스러운 룩이 나올 경우 진짜 뿌듯하다. '스타일리스트 한혜연이 봐도 엄지 척을 해줄 거야'라며 스스로를 칭찬하기도 한다. 이렇게 매일 나만의 룩을 탄생시켜 가다 보면 창의력도 덩달아 높아지는 걸 느낀다. 독일 출신의 경제학자 허쉬만은 소비자가 '소비 창의성'을 발휘하면 소비와 관련된 여러 가지 문제를 해결할 수 있다고 주장했다. 소비가 아닌 사용으로 소비문제를 해결하고, 옷이 시장에 나올 때까지 기다려야 하는 수동적인 소비자가 아니라 스스로 새로운 옷을 창조해 낼 수 있다는 소비자의 권리를 회복시켜 준다는 점에서 소비 창의성은 중요한 능력으로 간주되는 것이다. 소비 창의성을 장착하면서 옷장 앞에서 고민하는 시간이 현저히 줄어들었다. '왜 이렇게 입을 옷이 없을까?'라는 어이없는 질문도 사라졌다. 단지 캡슐 옷장 앞에서 고객과 스타일리스트 1인 2역만 하면 OK!

캡슐 옷장을 이용하면서 옷을 살 필요성을 느끼지 않게 되자 자연스럽게 충동구매나 과소비 문제도 해결되었다. 33벌의 옷의 구성이 한눈에 보이니 내가 이미 많은 종류의 옷을 소유하고 있다는 것을 깨달았다. 그동안 나는 '정서적 쇼핑'이라는 것을 해왔다. 그 옷이 꼭 필요해서가 아니라 마음이 고파서 쇼핑을 하는 경우가 더 많았다. 특히 마음이 우울하거나 외로울 때 사랑받는다는 느낌, 옷이 아닌 그 느낌을 갖고 싶어서 옷을 사게 되었다. 영혼까지 팔 듯 한 점원의 친절한 태도와 새 옷을 입고 거울 앞에 선 만족스러운 내 모습에 자아도취 되어 망설임 없이 카드를 내밀고 만 것이다. 쇼핑으로 잠시 잠깐 마음속 허기를 채우기는 하지만 이는 생 초콜릿처럼 금세 녹아 사라져 버렸다. 새로 산 옷 덕분에 한두 번 예쁘다는 말을 들을 때는 '역시 사길 잘했어'라는 자기 합리화를 하게 되지만 마음속 깊은 곳에 숨어있는 자신감과 자존감에까지 영향을 미치지는 못했다.

나는 처음에 여름옷 캡슐 옷장을 만들고서 내가 여름 원피스를 무려 7벌(무릎길이 4벌, 롱원피스 3벌)이나 가지고 있고, 상의가 14벌(민소매 옷 3벌, 반팔 블라우스 5벌, 검은색 면티 2벌, 흰색 면티 2벌, 긴팔 블라우스 2벌)이나 있는 것을 보고 깜짝 놀랐다. 물론 10년이 넘는 옷들도 있지만 '참 꾸준히 옷을 사 모아 왔구나'하며 한숨이 나왔다. 그나마 다행인 건 유행을 타지 않는 디자인의 옷들이라서 앞으로도 5년은 더 입을 수 있을 것 같다는 거다. 또 하나 다행인 점은 바지가 종류별로 다양해서 기분대로 다른 룩을 만들 수 있다는 거다. 연청바지, 검정 일자통바지, 겨자색 린넨 슬랙스 바지, 깅엄체크 스키니 바지, 검정 반바지 이렇게 전혀 다른 종류의 바지가 5벌 갖추어져 있어서 또다시 새로운 옷을 구입할 필요가 없는 거다. 이처럼 내가 어떤 종류의 옷을 몇 벌 가지고 있느냐를 정확히 안다는 것은 단순히 그 사실로 끝나지 않는다. 내가 캡슐 옷장 바운더리 안에서 나의 스타일을 만들겠다는 책임감, 더 이상 예전의 방만했던 나로 돌아가지 않겠다는 자율성이 살아나게 된다. 즉 내 삶에 대한 주인의식이 깨어나게 되는 것이다. 단지 옷장 하나 정리했을 뿐인데 일석 몇조의 이득이지 않는가.

나만의 컬러와 시그니처 룩을 안다는 것

정리된 옷장을 가만히 들여다보면 자신이 어떤 스타일의 옷을 입어왔는지 어떤 색깔의 옷을 좋아하는지 옷에 관한 자신의 역사가 보인다. 뿐만 아니라 그 이면에 감춰진 우울이나 불안, 두려움과 같은 부정적인 감정도 알아차릴 수 있다. 패션 우울증이나 패션 무력증에 대해서 들어보았는가? 매번 비슷한 스타일의 무채색의 옷을 입고 자신을 꾸미는 데 거의 시간을 쓰지 않으며 거울에 비친 내 모습을 싫어한다면 자신의 마음을 세심히 들여다보아야 한다.

"나는 원래 패션에 관심이 없어요."
이렇게 말하고 싶다면 좀 더 솔직해지자. 패션 센스가 좋다는 말을 싫어할 사람이 있을까? "패션에 관심은 있지만 나에게 어떤 옷이 어울리는지 잘 모르겠어요."라고 말하는 게 맞는 표현일 것이다. 사실 우리는 모두 내면에 자신을 돋보이게 하고 싶은 욕구가 있고 더 아름답게 보일 수 있는 센스도 가지고 있다. 이러한 본능을 묻어두는 이유는 현재 자신을 사랑하지 않고 자신을 신뢰하지 않기 때문이다. 누구에게 보여주기 위해서가 아니다. 나에게 어울리는 옷을 입은 나 자신을 스스로 아름답다고 느끼고 기분이 좋으니 표정까지 밝아지는 거다. 그러면 저절로 자신감이 밖으로 배어 나오니 이런 모습을 보고 누가 멋지지 않다고 느끼겠는가.

나에게 어울리는 컬러를 알고 있으면 디자인과 무관하게 나를 돋보이게 하기 쉽다. 퍼스널 컬러에 대해 한 번쯤은 들어보았을 것이다. 퍼스널 컬러란 사전적인 의미로 피부, 머리카락, 눈동자 색 등 개인이 가지고 있는 고유의 신체 색상을 말한다. 크게는 웜톤과 쿨톤으로 나뉘는데 좀 더 세분화해서 봄 웜톤과 가을 웜톤, 여름 쿨톤과 겨울 쿨톤으로 나뉜다. 유튜브 채널 〈맵시난다〉를 통해 알게 된 나의 퍼스널 컬러는 봄 웜톤이다. 피부가 약간 노란 바탕에 눈동자와 머리색이 갈색이고, 피부가 얇으며, 코랄 립스틱이 잘 어울리는 것이다. 나는 과거에 색깔 감각이 덜 발달한 시기에 진한 파란색 스웨터와 핫 핑크

코트를 샀던 적이 있다. 이상하게도 그 옷을 입으면 얼굴이 더 탁해 보이고 입고 있는 내내 종일 답답함을 느꼈었다. 사실 그 옷들은 겨울 쿨톤에게 어울리는 컬러였던 것이다. 비싸게 주고 산 게 아까워서 계절마다 한 번씩 꺼내 입기는 했지만 옷장 정리를 하면서 모두 구조 조정을 했다.

 자신의 톤에 어울리는 컬러의 옷을 입으면 분명 더 편안하고 예뻐 보인다. 요즘은 퍼스널 컬러를 진단해 주는 곳도 많이 있다. 도저히 컬러 감각이 없고 나에게 어울리는 색깔을 꼭 찾고 싶다면 방문해 보는 것도 나쁘지 않겠다. 하지만 그 보다 중요한 것은 무채색이 아닌 다양한 색상의 옷을 입어보겠다는 용기이다. 도전할 마음이 생긴다면 주변의 친구 중에 옷을 좀 입는 친구에게 옷 사러 가는데 봐달라고 부탁해 보는 거다. 친구와 옷가게 점원 최소 2명이 'OK'를 한다면 그 색깔은 나에게 보통 이상은 어울린다는 뜻이다.

 그렇게 종종 다른 색상의 옷에 도전을 하다 보면 어느새 기분도 밝아지고 자신감도 생기게 된다. 나는 시간과 에너지를 아낄 겸 주로 온라인 쇼핑몰에서 옷을 구입했었는데 긴가민가한 색상의 옷을 선택할 때는 나만의 비법이 있다. 바로 휴대폰으로 모델 얼굴을 제외하고 두 가지 색상의 옷을 사진 찍은 후

크게 확대해서 거울 앞에서 내 얼굴 아래에 대고 비교해 보는 거다. 어떤 색상의 옷 위에서 자신이 짓는 미소가 더 편안하고 아름답게 보인다면 그 컬러가 정답이다.

　자신에게 어울리는 컬러의 중요성에 대해 생각해 보았으니 이제 내가 좋아하고 나에게 어울리는 스타일에 대해 한 번 생각해 보자. 시그니처 룩이란 표현을 들어보았는가?『그라치아』패션 잡지의 에디터 김민정은 시그니처 룩은 단순히 '단벌 패션'을 뜻하는 게 아니라 삶의 방식과 사상을 담은 상위 패션 코드여야 한다고 주장한다. 스티브 잡스와 같이 한 가지 스타일을 고수한 방식을 시그니처 룩의 범주로 해석하는 것은 무리가 있다는 이야기이다. 자기 자신의 매력을 이해하고 있고 나다움을 자신 있게 표현할 수 있을 때 인생의 시그니처 룩을 가질 수 있게 되는 것이다. 김민정 에디터는 또 다음과 같이 패션에 대한 자신의 생각을 말한다.

"패션은 단순히 옷을 소비하는 일이 아니라, 자신의 세포 속에 담긴 수만 가지 사항들을 한 벌의 옷으로 드러내는 일종의 미학이다"

　정말 멋진 표현이지 않은가? 우리의 몸은 30조 ～ 100조 개의 세포로 이루어져 있다고 한다. 또한 심리학자 구스타프 융의 주장대로 우리는 천 개의 가면을 지니고 있어서 상황에 따라 적절한 가면(페르소나)을 쓰며 관계를 형성해 가고 있다. 그렇다면 내가 모르는 미지의 나가 얼마나 많을 것이며 새로운 나를 발견해 가는 일은 얼마나 놀랍고 흥미로운 일이겠는가? 그들을 깨워 밖으로 끌어낸 뒤 또 다른 나를 눈으로 확인하기 가장 쉬운 방법이 바로 패션인 것이다.

  나 또한 여전히 가장 나다운 시그니처 룩을 찾고 있는 중이다. 현재는 나의 캡슐 옷장 속에 옷들을 보고 대표성을 띠는 하나의 색상이나 디자인의 옷을 말하기는 곤란하다. 다만, 원피스나 점프 슈트를 선호한다는 측면에서 작은 키를 보완하면서 세련됨을 잃지 않으려는 노력과 심플하면서도 귀여운 디자인의 상의를 선호한다는 점에서 소녀다움을 간직하려는 성향을 엿볼 수 있었다. 나는 왜소하고 작기 때문에 드레시한 의상이나 딱 떨어지는 정장 스타일은 어울리지 않는다. 그런 옷을 입으면 왠지 남의 옷을 입고 있는 것처럼 불편하다. 밝고 세련되면서도 지적인 느낌을 주는 의상이 내가 추구하는 스타일이다. 그렇다고 시그니처 룩을 찾겠다며 이 옷 저 옷을 사 입는 것은 어리석은 일이다. 자칫 유행이나 트렌드를 따르며 내 주관이 흔들릴 수도 있다. 현재 내가 소유하고 있는 옷들로 최대한 비슷한 느낌을 창조해 내며 필요한 옷들을 하나씩 서서히 구입해 가면 된다. 이때 필요한 것이 나만의 패션 롤모델이다.

나의 패션 롤 모델은 정려원과 한지민

나는 영화나 드라마를 볼 때 배우들의 패션도 유심히 보는 편이다. 마음에 드는 스타일을 캐치하면 기억해 두었다가 옷장으로 가서 그와 비슷한 코디를 해본다. 만약 입어보았을 때 어울리면 그 자리에서 돈 한 푼 안 들이고 득템을 한 거다. 새 옷을 되도록이면 구입하지 않겠다는 다짐도 지켜져서 뿌듯하기까지 하다.

나의 패션 롤 모델은 정려원과 한지민이다. 내가 40대 중반이기는 하지만 조금은 젊은 감각의 옷을 선호하기 때문에 그들의 패션에 끌리는 듯하다. 정려원은 워낙 여성들의 워너비 패션니스타이기도 하지만 자신의 마른 몸을 잘 보완하면서 다양한 스타일의 옷을 멋스럽게 소화하기 때문에 참고할 만한 코디가 많다. 특히 그녀는 레이어드 코디를 정말 잘하는데 이는 캡슐 옷장 주인장에게 꼭 필요한 능력이기도 하다. 한 번은 모드라마에서 입고 나온 블랙 뷔스티에 롱 원피스에 청바지를 레이어드 해서 입은 모습이 마음에 들어서 검색해 보니 60만 원이 넘는 고가의 옷인 것이다. 나는 포기하지 않고 여기저기 쇼 핑몰에서 비슷한 디자인을 찾다가 결국 자주 애용하는 네이버 아울렛 윈도우 쇼핑몰에서 거의 흡사한 디자인의 옷을 발견했다. 브랜드 옷을 70% 세일을 해서 6만 원대에 구입을 했으니 완전 초득템을 한 거다. 실제 소재도 좋고 입었을 때 예쁘다는 말도 여러 번 들어서 지금은 완소 아이템으로 2년째 봄과 가을에 자주 입고 있다.

한지민의 경우에는 아담한 사이즈가 나와 비슷해서 드라마에서나 사복 패션을 눈여겨보는 편이다. 청바지에 코디하는 상의의 스타일이나 스커트의 길이, 외투의 길이나 스타일 등을 주로 보는 편이다. 키가 큰 사람들은 어떤 옷을 입어도 간지가 나지만 나처럼 키가 작은 사람들에게는 비율이 생명이기 때문이다. 아무리 마음에 들어도 한효주나 한고은처럼 키 큰 연예인의 옷은 감상만 한다. 이는 몇 번의 실패 끝에 얻은 나만의 노하우다.

그러나 단지 스타일만으로 롤 모델을 정하지는 않는다. 그들의 삶의 태도나 가치관도 나와 비슷하거나 배울 점이 있을 때 롤 모델로서의 의미를 갖는 것이다. 정려원의 경우에는 패션으로든 그림으로든 끊임없이 자신을 표현하는 실험정신이 참 마음에 든다. 고여 있지 않겠다는 밝고 긍정적인 마인드가 내가 추구하는 삶의 태도와 맞닿아 있다. 그래서 그녀의 패션뿐만 아니라 그녀 자체에 관심을 갖게 되는 것이다. 모 인터뷰에서 그녀는 다음과 같이 자신을 설명했다. "저는 표현주의자이고 모든 것에 의미를 부여하는 것을 무척 좋아해요." 나도 주변의 다양한 사물과 현상에 의미를 부여하고 글로 풀어내는 것을 좋아하니 뭔가 통하는 면이 있다.

한지민의 경우에는 〈두 개의 빛:릴루미노〉라는 허진호 감독의 단편 영화에서 시각 장애인 역을 너무도 현실감 있게 연기하는 모습에 처음으로 반했었다. 힘든 여건에 있는 사람들에 대한 따뜻한 시선과 배려가 없다면 나올 수 없는 연기라는 생각이 들었다. 그 이후 그녀가 다양한 복지 행사에 참여하며 꾸준히 선한 영향력을 행사하는 모습에 많은 자극을 받게 되었다. 그녀를 통해 아름다움은 겉모습이 아니라 내면에서 우러나온다는 평범한 진리를 새삼 다시 떠올리게 된다. 나는 '선한 영향력을 행사하려면 우선 나 자신부터 긍정의 힘을 믿으며 살자!'라는 마음으로 작은 것에 감사하고 작은 거라도 나누고 공유하려고 노력한다. 이처럼 패션 롤 모델은 자신의 외면을 넘어서 내면에 까지도 영향을 미칠 수 있는 사람이 진짜가 아닐까 싶다.

명품 옷이 아니라 명품 패션 센스를 가지려면

이제부터는 본격적으로 자신의 옷장에 단비 같은 활력을 불어넣어 줄 패션에 일가견이 있는 선생님들을 모셔보자. 나는 비싼 옷이나 명품 옷으로 휘감았다고 해서 그 사람이 더 멋있고 아름다워 보인다는 생각은 이제 하지 않는다. 어렸을 적에는 명품 백을 몇 개씩 가지고 있고 명품 로고가 박힌 옷을 입고 있는 사람 앞에서 괜스레 주눅이 들고 부러움과 열등감과 같은 못난 감정들이 들고는 했다. 그 물건을 소유하지 않았기 때문에 내가 초라한 거라고 느꼈다. 그러나 나를 미운 오리 새끼라고 스스로 폄하하는 부정적인 생각에서 벗어나 나 자신을 있는 그대로 사랑하고 내가 좋아하는 일에 몰입하면서 단순한 삶을 살게 되자 옷이나 물건에 대한 집착이 사라졌다. 그렇게 비워진 마음에 다시 채워진 것은 패션 센스, 패션을 향한 합리적인 가치관, 패션을 통한 인생철학이었다.

패션과 관련된 유튜브 채널 중에서 내가 수업을 듣듯이 접속을 하는 채널이 3개 있다. 기본적으로 물건을 구입하도록 현혹한다거나 비싼 명품을 샀다고 자랑하는 식이 아니라 패션에 대한 나름의 소신과 철학이 있는 유튜버들이다. 먼저 〈보라끌레르〉라는 채널의 유튜버는 디자이너를 오랫동안 활동했던 경력이 있어서 전문적인 식견으로 패션에 대한 모든 것의 꿀 팁을 대방출한다. 귀여운 대구 사투리를 구사하며 구독자들에게 하나라도 정보를 더 주려고 빠르게 말하는 그녀의 말투에서 따뜻한 마음이 전해진다. 듣고 있으면 기분까지 덩달아 밝아진다. 가끔 합리적인 가격선에서 트렌디한 옷을 입고 싶을 때 SPA 브랜드를 이용하는 편인데 보라님이 세일 기간에 이곳의 옷들을 예리한 안목으로 가지고 와서 각각의 장단점을 분석해 주고 스타일링 팁까지 자세히 안내해 주니 참 감사하다. 덕분에 온라인 쇼핑몰에 가서 검색하는 시간을 절약할 수 있다. 그녀를 통해 조금씩 패션 센스를 업그레이드해 가는 중이다.

〈Like 스위트망고〉라는 채널을 통해서는 유행에 상관없이 계절별 스타일링을 하는 방법이나 명품이 아닌 합리적인 소비를 하는 노하우를 배울 수 있어서 가끔 접속한다. 내가 지향하는 패션 가치관을 확고히 할 수 있고 조곤조곤 여성스럽고 우아한 말투까지 덤으로 익힐 수 있어서 지적이고 합리적인 가치관을 가지고 싶은 여성이라면 나이불문하고 들어볼 만한 채널이라 하겠다. 영상을 보고 나면 잠깐 동안이지만 그녀의 화법을 따라 하고 있는 우아한(?) 나를 발견하는 재미가 있다. 이 매력적인 유튜버는 독일 항공인 루프트한자의 승무원으로 현재 독일인 남편과 함께 독일에서 거주하고 있다. 직장맘이면서도 틈틈이 패션 유튜버를 하고 있고 내적으로나 외적으로 자기 관리를 철저히 하는 모습에서 참 배울 점이 많다는 것을 느낀다.

마지막으로 내가 가장 좋아하는 유튜브 채널은 패션을 통해 인생의 철학까지 배울 수 있는 〈밀라논나〉이다. 사실 이 채널은 이태리에 사는 69세의 할머니 디자이너 유튜버가 삶의 지혜를 패션과 함께 버무려 편안하게 들려주는 고품격 인생학 강의 같다. 그녀의 옷과 액세서리 하나하나에는 설레는 이야기가 깃들어 있다. 마치 패션 다큐멘터리를 보는 듯하다. 오래된 옷을 수선해서 재탄생시키고 단추로 귀걸이를 만들며, 수십 년 된 옷을 여전히 멋지게 코디해서 입는 알뜰함이 묻어난 창의력에 감탄이 절로 나온다. 나는 이 채널의 영상을 빠짐없이 다 보면서 결국 패션의 완성은 나 자신이 누구인지 알고 치열하게 나다움을 펼치고 살며 주변을 둘러보고 사는 삶이라는 것을 깨달았다. 아직도 늦지 않았다. 인생에 한 번은 밀라논나 할머니처럼 나다움을 입고 나의 인생과 연애하며 살아보자. 아름다움은 예쁜 옷으로 꽉 찬 옷장도 비싼 브랜드의 옷도 아닌 내면의 단단함에서 나온다.

패션 자존심을 되찾자! 이자벨 위페르처럼

이제 나만의 캡슐옷장을 만들 마음의 준비가 끝났는가? 옷장 안이 정리되고 평온해지면 진정 내면의 평화도 함께 찾아온다. 평평해진 가슴도, 처진 엉덩이도, 울퉁불퉁한 다리 곡선도, 허리에 붙은 나잇살도 모두 포용할 수 있게 된다. 더 이상 젊지 않기에 패션에 신경 쓰고 싶지 않다는 말도 쑥 들어가게 된다. 다시 아름다움과 패션 자존심을 찾고 싶어지는 것이다. 사실 아름다움은 내면의 문제를 치유하면서 마음속 구멍을 자기사랑으로 채워나가는 데서 시작한다. 모두 다 알고 있듯이 자신의 단점을 포용하고 오히려 자신의 모습 그대로를 사랑할 수 있을 때 당당함이 나온다. 미국의 저널리스트 조앤 디디온은 '자존심은 내 인생을 책임지겠다는 자세에서 시작한다'라고 말한다. 이 문장에 패션이라는 옷을 입히면 "패션 자존심은 캡슐 옷장에서 내 스타일을 책임지겠다는 자세에서 시작한다."라고 재창조될 수 있다. 정말 그럴듯하지 않은가.

자, 아직도 나는 있는 그대로의 나를 사랑하니까 굳이 패션 따위에는 관심을 두고 싶지 않다고 시니컬하게 말하고 싶은가? 그렇다면 러네이 엥겔른이 『거울 앞에서 너무 많은 시간을 보냈다』에서 한 다음의 말에 귀 기울여보자.

"긍정적인 신체 이미지를 지닌 여성이 외모에 신경 쓰지 않는다는 뜻은 아니다. 이 여성들도 스스로 매력적이라고 느껴지는 순간을 즐긴다. 그저 다른 사람들이 자신을 매력적이라고 생각하는지 아닌지에 집착하지 않을 뿐이다. 이들은 화장이나 머리 손질을 하는 것을 '아름다운 여성'의 역할이 아니라 자신을 돌보는 방법이라고 생각한다. 또한, 이들의 패션은 편안함과 자기표현을 위한 수단이다."

내가 '캡슐 옷장'을 만들고 그 공간에서 노는 것을 즐기는 이유를 이보다 더 명확하게 설명해 주는 문장이 또 있을까. 잘 정리된 옷장 앞에서 내일 입을 옷을 준비하는 것은 타인에게 잘 보이기 위함이 아닌 나의 자존심과 자존감을 채우는 자기 돌봄의 시간인 것이다. 다시 말해 나를 긍정하고 가장 나다움을 표현하며 창조하는 시간! 모든 잡념을 버리고 내 몸을 돌보는 시간! 바로 명상의 시간과 다름없는 것이다. 어떤가. 당신도 나와 함께 캡슐 옷장 앞에서 5분간 패션 명상의 시간을 가져보지 않겠는가?

기미와 검버섯마저도 자유롭고 지적인 매력으로 승화시킨 그녀, 영화 〈다가오는 것들〉 속 이자벨 위페르의 꽃무늬 민소매 원피스 패션을 한 번 찾아보라. 나는 우리 중년 여성들이 그렇게 자신의 고유한 매력을 유지하며 나이 들어갔으면 좋겠다.

자신의 모습 그대로를 드러내며 자기표현에 두려움이 없는 당당함! 분명 그런 패션은 심플하고 잘 정돈된 캡슐 옷장에서 탄생하리라.

이효리와 똑같은 ENFP이지만

———

사람들의 삶과 정체성은 타고난 유전자의 특성과 살아온 환경의 산물
그 이상이다. 누군가의 삶과 정체성은 그 사람의 열망, 헌신, 꿈과 일상적인
행동에서 비롯되기 때문이다.
- 브라이언 리틀의 「내가 바라는 나로 살고 싶다」 中에서 -

지금부터 아주 간단한 질문에 깊이 생각하지 말고 바로 답해
보라. 만약에 당신의 친구가 전화해서 "나 우울해서 화분 샀
어."라고 말한다면 당신은 처음에 뭐라고 질문할 것인가? 질문
은 크게 두 가지다. 1번. "무슨 화분 샀는데?"와 2번. "왜 우울
한데? 무슨 일 있어?" 만약 1번을 택했다면 당신은 사고형(T)
일 가능성이 높다. 일어난 상황에 대한 사실에 초점을 맞추는
유형이다. 만약 2번을 택했다면 당신은 감정형(F)일 가능성
이 높다. 일어난 상황 속에서도 사람에 초점을 맞추는 유형이
다.

이 시답잖은 질문에 내가 유달리 관심을 갖은 건 MBTI 성격
유형에서 다른 영역보다 T인지 F인지가 관계에서 중요한 변수
로 느껴지기 때문이다. 내향형(I) vs 외향형(E), 감각형(S) vs

직관형(N), 판단형(J) vs 인식형(P) 사이의 간극은 시간이 지나면서 조금씩 좁혀지는 걸 느꼈다. 아니 좁혀진다기보다는 다름을 인정하게 된다는 게 맞는 표현일 것 같다. 하지만 "무슨일 있어?"라는 질문을 기대하고 시도한 대화에서 무슨 화분을 샀는지를 묻는 질문을 받는 순간 내 머릿속은 차갑게 얼어버린다. 그리고 더 이상 대화를 이어가고 싶지 않은 기분이 든다. 공감받지 못할 거라는 걸 직감해서일까.

두 번째 질문이다. 혹시 당신은 살면서 팔꿈치 바깥쪽을 혀로 핥아보려 했던 적이 있는가? 이 질문에 그런 적이 있거나 지금 시도하려고 했다면 당신은 개방적이나 성실한 편은 아니며 외향적이고 친화적일 가능성이 높다. 만약 정서가 불안정한 사람이라면 팔꿈치 바깥쪽을 혀로 핥지 않는 것만으로도 자신이 도전도 못하는 무능한 사람이라 여길지도 모른다. 이 어이없는 질문에 대한 답의 해석은 하버드대 심리학과 교수였던 브라이언 리틀의 『내가 바라는 나로 살고 싶다』라는 책에서 본 것을 아주 간단하게 요약한 것이다.

이 책에서는 개방성, 성실성, 외향성, 친화성, 정서 불안정성을 기본으로 한 성격의 5대 특성 검사를 해 볼 수 있다. 나는 성격 특징을 간단하게 표현한 15개의 문장에 점수를 매기는 것보다 위의 질문이 더 재미있고 바로 와닿았다. 질문을 보자마자 '내가 해본 적이 있던가?'라고 떠올려 보았다. 기억에는 없었다. 즉시 팔을 최대한 꺾고 혀를 가능한 한 길게 빼서 시도해 보았다. 닿을락 말락. 팔을 비틀어 보기도 하고, 눈을 최대한 치켜뜨고 혀가 얼얼할 정도로 더 빼보기도 했다. 하지만 결국에는 실패. 순간 소의 긴 혀가 부러웠다.

문득 남편에게도 묻고 싶어졌다. 어느 정도 예상하긴 했지만 그의 답은 명백했다. "그런 짓을 왜 하냐?" 그러게 나는 그런 짓을 왜 할까. ENFP의 특징인 열정과 호기심이 그 이유이지 않을까. 등불을 들이대서 에로스의 모습을 보고야 마는 신화 속의 프시케처럼, 바다 바깥세상에 있는 왕자를 만나기 위해 기어이 물약을 마시고 마는 인어공주 에리얼처럼. 이러한 성향은 9가지 성격으로 분류하는 성격 유형 검사인 에니어그램을 통해서도 여실히 드러났다. 리스-허드슨 테스트라는 비교적 간단한 검사를 통해 나는 7번 유형인 열정적인 사람으로 결과가 나왔다. 우연의 일치일까. 신기하게도 심심풀이로 본 3가지의 다른 성격 유형 검사에서 모두 비슷한 결과를 얻었다.

그런데 '나는 어떤 사람인가?'라는 질문에 답을 얻었다고 해서 호기심은 거기에서 끝나지 않았다. 각각의 검사에서 나온 결과를 보며 '나는 본능적으로 그렇게 사고하고 그렇게 행동하는 사람이구나. 그렇다면 그 이면에 또 다른 성격은 뭘까?', '나에게 부족한 면을 보완하기 위해 어떤 노력을 해야 할까?', '타고난 긍정적인 부분은 어떻게 강화시킬까?' 등 새로운 질문이 꼬리를 이었다. 비록 혀로 팔꿈치의 맛을 보지는 못했지만 내 성격과 관련된 다양한 면의 맛을 제대로 알고 싶어졌다.

그리고 예전보다 편안해진 모습으로 돌아온 그녀, 린다 G 이효리! MBTI 세상에서 나와 같은 동족인 그녀의 삶을 벤치마킹해보고 싶어졌다. 누군들 자기 안에 숨겨진 매력과 열정을 자연스럽게 발산하며 살고 싶지 않겠는가. 누군들 자기 안에서 빛나고 있는 무지개를 꺼내어 하늘에 걸어보고 싶지 않겠는가. 우선은 내가 가진 본래의 장점과 매력에 집중해 보기로 했다. 알아야 꺼낼 수 있고, 꺼내 봐야 어디에 쓸모가 있을지 판단할 수 있을 테니까.

ENFP의 인간적인 매력 속으로

"나 자신을 좋은 사람으로 바꾸려고 노력하니까 좋은 사람이 오더라." 〈효리네 민박〉이라는 프로그램에서 이효리가 아이유에게 건넨 말이다. 이효리의 어록이라고 불리는 여러 말들 중에서 나는 유독 이 표현이 좋다. ENFP의 가장 큰 장점이 묻어 나기 때문이다. 이들은 직관적이어서 타인의 감정이나 상처를 잘 읽고, 그것을 자신에 비추어 따뜻하게 말을 건넬 줄 아는 인간적인 매력이 있다. 분명 그녀는 이러한 타고난 본성 위에 끊임없는 자기반성과 성찰로 얻은 지혜를 쌓았기에 적시에 적절한 말을 만들어낼 수 있었을 것이다.

『젊은 시인에게 보내는 편지』에서 라이너 마리아 릴케는 이런 고백을 한다. "당신을 이렇게 위로하려 애쓰는 이 사람이 당신에게 가끔 위안이 되는 소박하고 조용한 말이나 하면서 아무런 어려움 없이 살고 있다고는 생각하지 마십시오. 나의 인생 역시 많은 어려움과 슬픔을 지니고 있으며 당신의 인생보다 훨씬 뒤처져 있습니다. 그렇지 않다면 어떻게 이 사람이 그러한 말을 할 수 있겠습니까." 이 얼마나 깊고 우아한 겸손함인가. 이처럼 이효리도 자신의 상처를 알아차리고 잘 발효시켰기에, 마음자리의 밑바닥에 투명한 우물을 가질 수 있지 않았을까. 그래서 그곳에 비친 타인의 고통에 깊이 공감하며 따뜻한 차 한 잔 같은 진심을 우려낼 수 있지 않았을까.

그나저나 궁금했다. 어쩌다 그녀는 명언 제조기가 되었을까. 어떻게 내적 성장의 길로 들어설 수 있었을까. 화려한 성공 가도만 달렸을 그녀에게도 표절시비로 인해 한동안 우울증으로 힘들었던 시기가 있었다고 한다. 그녀는 모 프로그램에서 정신과 검진을 받고 들었던 생각을 이렇게 이야기했다. "제 자신을 내팽개친 채 다른 사람의 눈만 의식하며 살았어요. 제 자신을 학대하고 방치했어요. 왜 남의 눈만 신경 쓰고 정작 저 자신을 돌보지 못했을까. 나에게 미안한 마음이 들었어요." 그녀는 시련을 통해 자기를 돌아볼 수 있었고 현명하게 자기돌봄을 선택하였다. 요가와 명상을 통해서.

왜 하필 요가였을까. 발레나 필라테스, 골프나 테니스, 웨이트 트레이닝 등 몸을 이용한 다른 운동을 선택할 수 있었을 텐데. 요가는 영혼에 영감을 불어넣어 주는 운동 이상의 수련법이다. 그렇다면 영감을 다른 어떤 것보다 더 소중히 여기는 ENFP의 성향 때문에 그러한 선택을 하지 않았을까. 『인생의 태도』에서 웨인 다이어는 신에게 말을 거는 것이 기도라면 영감은 신이 우리에게 말을 걸어오는 것이며, 영감이 삶을 지배하면 우리를 묶어두고 제약하고 규제하는 온갖 현실적인 비판들을 물리칠 수 있다고 말했다.

아마도 그녀는 요가를 하면서 신이 걸어오는 말을 받아들이며 지혜와 통찰을 얻었을 것이다. 그 깨달음으로 자신을 옥죄

는 괴로움과 타인의 시선으로부터 벗어나지 않았을까. 이후
이 성격유형의 특징인 지칠 줄 모르는 호기심과 열정, 에너지
를 내면을 탐구하는 데 썼으리라. 그러면서 방치해 온 자기 자
신과도 화해할 수 있지 않았을까. 그 결과 자기이해를 통해 자
신의 단점을 보완해 주고, 자신을 있는 그대로 사랑해 줄 사람
을 보는 안목이 생겼을 것이다. 천방지축 같은 불안한 영혼의
배가 쉴만한 안전한 항구, 자유로운 영혼의 나비가 안착할만한
듬직한 소나무 같은 사람. 왠지 ENFP와 최고의 궁합인 INFJ
일 것 같은 바로 이상순이다.

　나 또한 타인의 인정에 매달리던 때가 있었다. 내면의 우물
은 메마르고 온갖 굶주린 동물들이 날뛰던 시절. 타인의 말 한
마디에 구름 위를 걷기도, 낭떠러지로 추락하기도 했다. 자만
심과 열등감이라는 극단의 감정이 나를 들었다 놨다를 반복했
다. 어떻게 하면 사람들의 호감을 살지 전전긍긍하며 미움받을
용기가 제로이던 상태. 전원을 켜면 미친 듯이 춤을 추다가도
플러그를 뽑으면 힘없이 축 처지고 마는 풍선 인형처럼 나는
내 삶의 주도권을 타인에게 쥐어줬다. 자신을 스스로 사랑하면
된다는 것도 몰랐다. 사랑은 부모에게서 또는 주위 사람들에게
서나 받는 것이라고만 생각해 왔으니까. 물론 내면의 힘이 있
다는 것조차 알지 못했다.

하지만 그런 내게 내적인 평화를 가져다준 것도 영감을 주는 운동이었다. 바로 108배와 요가다. 밤 10시 이후에 유튜브를 보고 집에서 따라 하다 보니 워킹맘으로서 시간과 에너지도 절약하고 나의 몸과 마음 건강까지 챙길 수 있어서 일석삼조의 효과를 보았다. 내 몸과 마음의 스위치를 스스로 조정하게 되자 그런 나 자신을 좋아하게 되었다. 내면에서 느껴지는 뜨거운 열기로 내 속에 수많은 내가 건강을 되찾았다. 내면의 우물에 맑은 물도 차올랐다. 그로 인해 나의 무지와 실수를 드러낼 수 있는 용기, 타인이 지적하는 나의 잘못에 직면하는 용기, 어설픈 창작물을 공유할 수 있는 용기, 그리고 타인의 상처도 어루만져줄 수 있는 용기까지 샘솟았다.

물론 본래의 성격이 변하지는 않았다. 다만, 새로운 면이 있다면 합리적으로 사고하려고 노력하고, 긍정적인 자아상을 갖게 되었으며, 타인이 아닌 나 자신에게 집중하게 되었다는 것이다. 다른 성격 유형의 긍정적인 부분까지 통합하여 활기차고 건강한 나로 변한 모습을 떠올려 보자. 상상만으로도 즐겁지 아니한가. 그렇다고 모든 동물들의 장점을 갖게 되었지만 이상한 모습으로 변해버린 에릭 칼의 『뒤죽박죽 카멜레온』이라는 그림책 속 카멜레온처럼 되자는 얘기가 아니다. 건강한 통합은 뭘 더 채우는 게 아니다. 『에니어그램의 지혜』라는 책에서도 통합의 과정은 뭔가를 해야 하는 것이 아니라, 우리를 가로막는 성격의 어떤 면들을 알아차리고 거기에서 벗어나는 과정이라고 했다. 이 책의 저자는 "붙들고 있는 방어, 태도, 두려움에서 벗어날 때 우리는 꽃이 피는 것처럼 자연스러운 균형의 상태를 경험할 수 있다."라고 강조했다.

정말 그렇다. 깨어난 용기가 불안을 잠재웠다. 하루에 잠깐 나 자신에게 집중해 왔을 뿐인데 몸과 마음이 가벼워졌다. 예전보다 창의적인 아이디어로 충만해지고, 일상의 순간에서 소소하지만 작은 통찰을 자주 느꼈다. 개인적이고 독립적이 되었지만 반면에 타인에게 더 섬세하게 공감할 수 있게 되었다. 마음속 날개가 조금씩 균형을 찾게 되자 사고방식에도 변화가 왔다. '이건 맞고 저건 틀리다' 또는 '네 편 내 편'식의 이분법적인 사고를 덜하게 되었다. 그러자 정말로 좋은 사람이 왔다. 아니 내게 온 사람에게서 좋은 점을 더 많이 발견하게 되었다. 심지어 내 편이 아니라 여겨왔던 남편에게서도.

어찌 됐건 ISTJ 남자와 잘 살아가는 법

"이 상 돌아이 같으니라고", "고비용 저효율 같으니라고", "네 멋대로 하지 말고 하라는 대로 하란 말이야", "밥이나 해. 딴

거 할 생각 말고", "네 일이잖아. 네가 책임져" vs "좀 따뜻하고 다정하게 말해주면 안 돼?"

결혼 10년 동안 남편에게서 가장 많이 들었던 말 vs 내가 가장 많이 한 말이다. 남편은 상처를 주려고 한 말은 아니었다고 하지만 그의 말 화살은 항상 내 마음속에 깊숙이 박혔다. 그때 나는 화살이 꽂힌 채 직장과 집이라는 숲 속을 쉼 없이 왔다 갔다 하는 슬픈 짐승 같았다. 프리다 칼로의 그림 〈상처 입은 사슴〉 속 사슴처럼. 나는 그에게 많은 것을 바란 게 아니었다. 단지 있는 그대로의 나를 사랑해 주길 바랐을 뿐. 그때는 몰랐다. 있는 그대로의 타인을 사랑한다는 게 얼마나 어려운 일인지를.

시간이 다 해결해 주리라 생각했다. 그냥 그렇게 살다 보면 상처도 아물고 관계도 좋아질 거라 막연히 기대했다. 착각이었다. 대화다운 대화 없이 부모로서 책임과 의무만을 다하며 살다 보니 방치한 상처는 곪기 시작했다. 온 에너지를 쏟아 서로를 미워하고 비난했다. 매일 고성이 오갔다. 가까운 거리에서 말하면서 왜 그렇게 소리를 질러댔을까? 류시화의 『새는 날아가면서 뒤돌아보지 않는다』에서 영적 스승 메허 비바가 들려주는 우화에서 그 이유를 찾았다. "사람들은 화가 나면 서로의 가슴이 멀어졌다고 느낀다. 그래서 그 거리만큼 소리를 지르는 것이다. 소리를 질러야만 멀어진 상대방에게 자기 말이 가닿는다고 여기는 것이다."

그랬다. 그의 마음이 한없이 멀게만 느껴졌다. 평생 노총각으로 혼자 늙어갈지도 모르는 그를 구해준 사람이 바로 나라고 말하는 혀를 가지고 있음에도, 그에게 다른 여자가 있던 것도 아님에도, 내 심장은 터져 인어공주처럼 물거품이 되어버릴 것만 같았다. 살 수 있는 길은 이혼밖에 없다고 생각했다. 자신의 논리만 옳고, 실수를 용납하지 않으며, 융통성을 변덕으로만 생각하고, 다양한 생각들을 쓸데없는 것으로 여기며, 감정이나 공감 따위는 애초에 키워본 적도 없는 사람. 차가운 이 사람과 사느니 스파이크 존스 감독의 영화 〈her〉 속 운영체제인 '사만다' 같은 인공지능과 사는 게 더 낫다는 생각까지 했다.

상대방의 감정을 사려 깊게 읽어주고, 어려워하는 일을 기꺼이 도와주며, 필요하면 언제든 유쾌하고 편안한 대화를 나눠주는 AI. 언제나 존중받는다는 느낌을 주고, 상대방의 말에 집중해서 조언과 위로를 건네며, 목소리까지 섹시한. 그런 온기 가득한 AI라면 실체가 없어도 '둘은 오래오래 행복하게 살았답니다.'를 할 수 있을 것 같았다. 그래서 이혼을 감행했다. 막상 지금까지 삶에서 최고 난이도의 선택과 결정에 맞닥뜨리니 정신이 번쩍 들었다. 감정을 배제하고 최대한 이성적으로 사고하려고 했다. 직관 감정형(NF)으로서 내가 심리적 연장통에서 주로 편안함을 느끼고 집어 드는 도구는 감정이다. 하지만 가족의 위기 앞에서는 냉철해질 수밖에 없었다.

 정말 모든 문제는 그에게 있었을까, 내가 너무 의존적이거나 자기중심적이었던 것은 아니었을까, 내 행동 방식에는 문제가 없었을까, 그가 어떤 사람인지 알기는 했었나? 수많은 질문들로 머릿속이 가득 찼다. 게다가 걱정을 동반한 질문들까지. 아이가 한참 예민한 때인데 정서적으로 건강하게 자랄 수 있을까, 사춘기가 되면 아이가 삐뚤어지는 게 아닐까, 아이가 과연 그 상황을 받아들일 수 있을까. 매일 스스로에게 질문하고 진지하게 답을 하며 질문을 하나씩 지워갔다. 마지막으로 나에게 물었다. '진정 후회하지 않을 자신이 있니?'

 딱 후회할 것 같았다. 그리고 내 문제가 보이기 시작했다. 돌이켜보니 나는 유리 멘탈로 인해 가시를 바짝 세운 고슴도치였음을 깨달았다. 작은 비판에도 내가 무가치한 사람이 되는 것 같았다. 순식간에 나는 피해자, 그는 나쁜 사람이 되었다.

조금만 더 생각해 보고 판단하면 되는데 항상 감정이 앞섰다. 그런 나를 고쳐 쓰기로 했다. 그동안 내 눈 속에 대들보는 못 보고 상대의 눈 속에 티끌만 보고 나무랐으니 얼마나 어리석었는지.

MBTI 검사를 개발한 이사벨 브릭스 마이어스는 『성격의 재발견』에서 성격이 매우 다른 사람과 결혼하려는 사람은 상대방이 가진 성격유형의 결점보다는 미덕에 초점을 맞추겠다는 의지를 가져야 한다고 말했다. 그래서 남편을 찬찬히 다시 들여다 보았다. 그의 이름 옆에 '신뢰의 아이콘', '성실 왕', '논리 왕'이라는 착한 별명을 썼다. 차갑고 무심해 보이는 면은 '한결같음'으로 덮어주었다. 그러고 보니 그도 꽤 괜찮아 보였다. 내가 열등한 부분을 장점으로 가지고 있는 사람. 세상의 소금형 ISTJ. 가정에서도 소금 같은 존재임에 틀림없었다. 분석이 끝났으니 결단을 내렸다. 내가 먼저 손을 내밀었다. "우리 진지하게 대화를 나눠보자고, 좋은 방향으로"

다행인지 불행인지 그렇게 나는 이혼에 실패했다. 그가 나와는 완전히 다른 시스템을 주로 사용하는 사람임을 받아들였다. 나 또한 쉽게 상처받는 사람임을 인정했다. 대신 그의 말을 자의적으로 확대 해석하거나 감정적으로 듣지 않고 사실 그 자체만 객관적으로 들으려고 노력했다. 몸이 피곤하거나 마음에 여유가 없을 때는 어김없이 공격받았다는 느낌이 들기도 했다. 하지만 곧바로 반응하지 않고 마음에 집중하면서 무슨 말을 할지 생각했다. 그러자 멘탈이 예전보다 강해졌고 듣는 귀도 순해졌다.

　내가 바뀌니까 그도 바뀌었다. 행복한 남녀관계를 위한 지침서 『그녀를 모르는 그에게』에 이런 말이 나온다. "말하는 남자보다 들어주는 남자가 더 섹시해 보입니다. 일방적으로 떠드는 것보다 물어보는 편이 더 섹시해 보입니다." 맞는 말이다. 들어주고 물어봐주는 행위는 그 자체로 애무를 받는 느낌을 준다. 무뚝뚝하고 애정 표현도 없는 남자지만, 나에게 온전히 집중하고 있다는 것만으로도 행복하다. 그는 문정희 시인의 시 〈남편〉 속 딱 그 남자, "세상에서 제일 가깝고 제일 먼 남자", "전쟁을 가장 많이 가르쳐준 남자"이다. 시 구절처럼 이 무슨 원수인가 싶을 때도 있지만 지구를 다 돌아다녀도 내가 낳은 새끼를 제일로 사랑하는 남자는 이 남자일 것 같아 다시금 오늘도 저녁을 짓는다. 새끼를 함께 만든 남자라는 의미는 남편을 뛰어넘는다. 이제는 백 점짜리 아빠인 것만으로도 감사하다.

요즘은 나의 성격유형의 장점을 발휘하여 남편과 별 갈등 없이 양질의 대화를 나눈다. 남편이 무슨 말을 하던 맞장구를 치고 본다. '아니거든', '하기 싫거든'이란 말은 꿀꺽 삼킨다. 대신 받아들인다는 뜻에서 그의 생각이나 느낌을 읽어주는 표현을 한다. 전문 용어로 '공감적 미러링'. 『당신은 타인을 바꿀 수 없다』라는 책에 따르면 이 소통 방법은 당신의 입장을 상대방과 동일시하라는 뜻이 아니다. 그저 당신이 상대방을 존중하고 있다는 신호만 보내면 된다. 그런 다음에 당신이 원하는 것을 아주 침착하게 전달하고 성공적으로 협상하면 된다는 것이다. 일단은 쉽게 느껴지지 않은가. 먼저 공감한다고 해서 지는 것이 아니다. 오히려 부드러운 대화 분위기를 만들어서 내가 원하는 것을 갈등 없이 얻어낼 수 있다.

다음의 대화가 바로 공감적 미러링의 성공적인 경험 사례이다. 내가 컴퓨터 앞에 앉아서 이 글을 쓰고 있는데 뜬금없이 남편이 말을 걸어왔다.

남편 : (당연하다는 듯이) 야, 감자조림 해 먹자
나 : (아주 다정하게) 감자조림이 먹고 싶구나. 그러어어어엄 여보가 해
주면 안 돼?
남편 : (쌀쌀맞게) 너는 뭐 할 건데?

나 : (아주 귀엽게) 나는 글을 쓸 거야.

남편 : (어처구니없다는 듯이) 상 돌아이 같으니라고.

나 : (아주 아주 귀엽게) 고마워, 돌아이도 아니고 상 돌아이라고 해줘서.

결국 남편은 아주 맛있는 감자조림을 만들었다. ISTJ 답게 백종원의 레시피를 시키는 대로 따라 하며. 나는 '역시 당신 요리 솜씨는 끝내줘'라며 입에 여러 번 침을 바르고 칭찬했다. 공감적 미러링 덕분에 글도 두 페이지 쓰고 감자조림까지 얻어먹었으니 이만하면 성공적인 협상 아닌가. MBTI 궁합에서 ENFP와 ISTJ는 파국으로 나온다. 하지만 그 해석은 틀렸다. 우리는 누구나 자신의 말에 경청해 주길 바라고 정서적 유대감을 느끼고 싶어 하며 인정받고 싶어 한다. 그 욕구만 서로 충족시켜 준다면 정반대 성향이어도 팀워크를 발휘할 수 있다.

변광호는 『E형 인간의 재발견』에서 이렇게 말했다. "완벽한 성격은 없다. 다만 내가 가진 타고난 성격을 객관적으로 파악하고, 내가 처한 환경은 어떠한지 판단하여, 성격의 단점을 보완하려는 태도가 더 중요하다." 나는 이혼의 위기 앞에서 그 말의 뜻을 정확히 실감했다. 그리고 깨달았다. 위기가 닥치면 우리 각자는 녹슬어 있던 마음의 연장을 꺼내 쓸 수 있다는 것을. 부부는 서로의 형편없는 모습도 가장 가까이에서 보는 관계다. 하지만 마릴린 먼로가 한 말을 조금 바꿔서 서로가 가장 못되게 굴 때 서로를 감당해 줄 수 없다면 최상일 때 서로를 가질 자격도 없다. '감당'하면서 나도 그도 성장했다. 더 좋은 사람으로. 최상일 때의 상대를 가질 자격이 있는 사람으로.

과신은 금물, 나와 너 이해 놀이 정도로 즐기길

그런데 자신의 성격을 정확히 이해하고 익숙하지 않은 마음의 연장까지 쓸모 있게 사용하려면 내면이 평온해야 한다. 마음이 불안하면 이성적인 사고를 할 수 없다. 마음속에서 쉴 새 없이 재잘대는 목소리들 가운데서 지혜를 선택할 판단을 할 수 없게 되는 것이다. 그렇게 되면 강점은 제 가치를 발휘하지 못할뿐더러 약점은 더욱 부각된다. 따라서 타인에게 공감하는 것 못지않게 나 자신에게 공감하는 태도가 중요하다. 자기 공감이란 나의 잘난 점과 못난 점을 모두 포용하며 감정의 옳고 그름을 따지지 않고 수용하는 것이다. 더 나아가, 나라는 존재를 어떤 한 가지 유형으로 규정짓지 않고 내가 가진 다양성을 인정해 주는 것이다.

그렇다면 자신의 성격 유형을 한 가지로 규정짓지 않는다는 게 MBTI 검사로 나온 결과를 믿지 말라는 뜻일까. 알파벳 네

글자로 심플하게 자기 자신을 표현할 수 있는 MBTI는 분명 매력적이다. 전문가들은 이 검사가 과학적으로 입증되지 않아 그 결과를 과신하지 말라고 조언한다. 메르메 엠레는『성격을 팝니다』에서 윌리엄 화이트라는 작가가 성격 검사를 비판한 글을 인용함으로써 MBTI의 모순점을 드러낸다. 그는 성격 검사가 자신의 참모습을 발견하는 도구로써가 아니라 충성 가능성에 대한 검사, 즉 개인의 개성을 무시하고 조직문화에 완전히 통합시키려는 검사로 둔갑할 수 있음을 경고한다. 그러면서 자신이 몸담고 있는 혹은 지원하는 조직에서 필요한 사람으로 평가받으려면 성격 검사용 페르소나를 하나 준비하라고 조언한다. 자신의 민낯 그대로가 아니라 기업이 바라는 인재상과 직무의 특성을 반영한 가상의 인물이 되어 검사에 임하라는 뜻이다.

위의 주장을 들으니 MBTI가 대학 입학이나 회사 입사에 사용될 때, 사람들이 거짓으로 검사에 임할 수 있겠다는 개연성이 있어 보였다. 게다가 이 검사를 만든 이사벨 브릭스 마이어스는 이 성격에서 저 성격으로 넘나드는 일은 어려운 일이라고 하였지만, 검사를 할 때마다 다른 유형이 나온다는 사람들이 있으니 그 신뢰성은 떨어져 보인다. 하지만 그녀는『성격의 재발견』에서 MBTI를 통해 얻을 수 있는 지혜를 다음과 같이 말했다.

> "현실 속의 정보를 수집하는 일에는 직관보다 감각이 더 바람직하
> 고, 가능성을 보는 데는 직관이 더 유용하고, 일을 조직하는 데는 사
> 고가 훨씬 더 적절하지만, 인간관계를 다루는 일에는 감정이 훨씬 더
> 뛰어나다는 점을 깨달은 사람은 자신의 재능 모두를 보다 효과적으
> 로 이용하는 데 필요한 열쇠를 갖고 있는 것이다."

왠지 오해가 풀리는 것 같다. 그녀는 감각과 직관, 사고와 감
정은 모든 사람이 갖고 태어나는 재능이고, 누구나 필요에 의
해 개발할 수 있다고 말한다. 다만, 지배적으로 사용하는 정
신작용과 그렇지 않은 정신작용이 있으니 보완의 필요성은 강
조한다. 어쩌면 우리는 성격을 보완해 나가는 과정에서 자신
이 사용하는 정신작용이 더 우수하다는 교만함을 내려놓고, 겸
손한 마음으로 타인을 바라볼 수 있는 사람이 될 수 있지 않을
까. 게다가 자신이 억압했던 그 정신작용까지 자유자재로 활용
할 수 있기에, 심리적으로 건강해지고 엄청난 잠재력을 발휘할
수 있게 되지 않을까.

이처럼 성격 유형 검사를 극단적으로 바라보지 않고 서로의
다름을 이해하는데 활용한다면 관계에서 마찰을 줄이고 긴장

을 완화시킬 수 있다는 나름의 매력도 찾을 수 있다. 직장에서 서로 다른 유형의 사람들과 일을 하다 보면 화법, 업무방식, 사람을 대하는 태도 등을 통해 그 사람이 어떤 유형의 스펙트럼에 있는지 감지한다. 그러면 말로 인해 상처를 덜 받고 오해도 덜 하게 된다. 태도에서도 어느 정도 예측이 가능하니 섣부른 기대를 하지 않게 된다. 그로 인해 심리적 거리 조절을 할 수 있는 여유까지 생기니 MBTI에게 고맙기까지 하다. 뜻밖의 장점도 있다. 상대방이 사고형인데 감정을 써서 인간미를 보여줄 때 느끼는 신선함이다. 공감하려고 애쓰는 모습이 귀엽고 사랑스럽기까지 하다.

　이와 같이 MBTI의 양면성을 모두 이해하면 자신의 성격유형과 여기에서 파생된 연애유형이니 궁합 등을 신봉하지 않을 수 있다. 그냥 쉽고 편안하게 즐기는 '나와 너 이해 심리테스트 놀이' 정도로 받아들이게 될 것이다. 과신하고 편견 갖고 선 긋고 그런 유치한 거 하지 말자. 무슨 무슨 유형이니까 나랑 잘 맞을 거야, 혹은 맞지 않을 거야라는 환상을 버리자. 우리는 모두 열 길 물속은 알아도 한 길 사람 속은 모르는 무지한 인간일 뿐이지 않은가. 직접 만나고 부딪히면서 서서히 알아가자. 진실은 환상을 깨는데서 시작되는 거니까.

MBTI를 너머 우아한 인간으로 거듭나보자

이쯤에서 우리는 성격유형검사와 관련된 이런저런 논의를 넘어서 자신에게 물어봐야 한다. 자신의 성격유형 뒤에 숨어서 그것이 가진 약점에 속아 두려워하며 뒷걸음치고 있지는 않는지 나에게 물어봐야 하는 것이다. 우리는 이제 나도 조금 알고 너도 조금 아는 나이가 되었다. 그런데 '조금 안다'는 것은 어설프다. 사람 잡기 딱 좋은 선무당 수준이다. 그렇다면 어떻게 나를 더 알고 '과거의 나'를 딛고 '새로운 나'로 넘어갈 수 있을까. 인간의 성격은 타고나는 것이 50%이고, 약 10%는 성장 과정에서 형성된다고 한다. 나머지 약 40% 정도가 통제할 수 있는 부분인데 여기에서 '새로운 나'로 넘어갈지 말지가 결정되는 것이다.

타고났거나 성장 과정에서 형성된 성격을 뛰어넘기 위해서는 목표를 세워 실행해 나가는 수밖에 없다. 브라이언 리틀 교수는 우리가 삶에서 추구하는 목표를 '퍼스널 프로젝트'라고 명명했다. 그의 설명에 따르면 퍼스널 프로젝트는 고유한 특성을 가진 개인이 각자의 맥락에서 실행하는 지속적인 행위들의 모음이란다. 나는 퍼스널 프로젝트의 가장 상위 목표로 '우아한 인간'을 정했다. 내가 본 어른들 중에 본받고 싶은 분들에게서는 그들의 성격이 보이지 않았다. 성격을 뛰어넘는 무엇이 있었다. 바로 우아함이었다. 우아함은 딱딱함이 아닌 유연함에서 나온다. 경직된 마인드와 태도로는 절대 우아함이 나올 수 없다. 내가 생각하는 우아한 인간의 유형을 MBTI처럼 분류해보면 이렇다. 한계를 아는 인간 vs 한계를 모르는 인간, 내가 모른다는 것을 인정하고 남에게 도움을 받는 인간 vs 내가 가진 것을 내어주고 남을 돕는 인간이다.

"자기 숨이 다 있어. 열 발이면 열 발 자기가 갈 수 있을 만큼만 가. 그 이상은 들어가지도 못하고 우리 한계가 있어" 고희영 감독의 다큐멘터리 〈물숨〉에 나오는 대사의 일부다. 해녀들에게는 엄격한 계급이 존재한다. 수심 5m 이하인 가장 낮은 바다에서 일하는 하군, 수심 5∼9m에서 일하는 중군, 숨을 오래 참고 수심 15∼20m까지 내려가는 상군. 이렇게 해녀들의 계급을 결정하는 것은 바로 숨이다. 숨이란 태어날 때 하늘이 주고 바다가 허락해야 받는다는 것을 알기에 그들은 자신의 숨을 받아들인다. 바다에서 목숨을 잃게 되는 경우에도 바다를 결코 원망하지 않는다. 오히려 남편의 술과 자식의 학용품을 살 수 있게 도와준 바다에게 목숨을 내어준 것이라 생각한다. 힘든 물길질의 삶 속에서도 자신의 숨에 만족할 줄 알고, 주어진 환경에 감사할 줄 아는 태도에는 분명 순박한 우아함이 깃들어

있다.

더! 더!를 외치며 내가 가진 모든 것에 만족할 줄 모르던 때가 있었다. 초라한 내면을 들키지 않으려고 화려하게 꾸미고 과장해서 밝은 척을 했다. 능력 있는 척을 하려고 혼자서 다 짊어지고 끙끙 앓았다. 워킹맘으로서 시간과 돈과 에너지를 균형 있게 사용했어야 함에도 나는 한계를 잊은 사람처럼 지냈다. 해녀들을 죽음에 이르게 하는 욕망의 숨인 물숨, 내가 그것을 마신 것이다. 발버둥을 칠수록 마음이 더 가난해지는 것을 느낄 때쯤 명상을 만났다. 흉내만 냈을 뿐인데도 독서로는 해결되지 않던 집착의 끈을 조금씩 놓을 수 있게 되었다. 살아 있음에 감사했고 건강한 가족들에게 감사했다. 내 일이 있음에 감사했고 누울 집이 있음에 감사했다. 그렇게 나는 내 숨, 내 호흡을 찾아갔다.

그런데 집착과 욕심은 참 질기다. 방심한 순간 슬그머니 마음의 빈자리에 들어찬다. 그때마다 나는 자맥질하는 해녀처럼 앉았다 일어섰다를 반복하며 108배 몸 명상을 한다. 마스크를 쓴 채 땀을 흘리며 양쪽의 화장실 청소를 1시간 이상 하기도 한다. 집안에서든 직장에서든 걸레를 손에 들고 닦기 시작한다. 해녀들은 물 한 모금 마시지 않고 하루에 8시간 가량 물질을 한다고 하지 않던가. 그에 비하면 약한 강도의 몸을 쓰는 일이지만 받아들이고 내려놓는데 그만한 게 없다.

하지만 나의 한계를 받아들이는 것만으로 과거의 나를 뛰어넘을 수 있을까. 폴 투르니에는 받아들임의 양면성을 『고통보다 깊은』에서 이렇게 말한다. "현실을 마지못해 받아들이며 '받아들여야 한다'는 체념 어린 마음을 거치면, 수동적이고 혼란스러우며 원한에 사무치게 된다. 중요한 것은 새로운 도약, 현실 적응을 위한 활기찬 노력, 인격적 성장을 요구하게 마련인 삶의 도전을 받아들이는 것이다." 그렇다. 내가 어쩔 수 없는 부분과 나의 단점은 인정하되 어쩔 수 있는 부분과 나의 가능성은 열어두어야 한다.

여기 한계를 모르고 끊임없이 도전하는 사람, 망가지는 연기를 하는 데도 우아한 여인이 있다. 배우 김혜은이다. 그녀는 서울대 성악과를 나와 기상캐스터를 거쳐 연기자가 되었다. 이처럼 완전히 새로운 분야로 진로를 변경한 것은 대단한 도전이었지만 사실 그녀가 맡았던 역할들은 대부분 우아함과는 거리가 멀었다. 드라마 〈해운대 여인들〉에서 천박하고 무식한 호텔 안주인 역, 영화 〈범죄와의 전쟁〉에서는 술집 여사장 역, 드라마 〈밀회〉에서는 무개념 재벌 딸 역으로, 결코 좋은 이미지는 아닌 캐릭터들을 연기했다.

그녀는 모 인터뷰에서 연기를 선택한 이유를 이렇게 고백한
다. "아마 이미지를 좇았으면 배우를 안 했을 테지, 기상캐스
터로 고상하게 살았을 거다. 배우가 평생 할 만한 직업이라고
생각했던 건 직업의 가치에 많은 의미를 뒀기 때문이다. 지금
도 나는 도전, 도전, 도전이다. 어떤 역할이든 쉬운 게 하나도
없다" 이 힘이 느껴지는 답변에서 프시케가 연상되지 않은가.
미래의 직업의 가치를 보고 기상캐스터를 그만둔 결단력, 역할
하나하나에 최선을 다해 임하는 도전정신과 용기. 이는 남편
에로스를 다시 만나기 위해 온갖 위험을 무릅쓰고 네 가지 과
제를 수행해나가는 프시케의 강인한 우아함과 닮아 있다.

그녀만큼은 아니지만 나도 끊임없이 도전하는 삶을 살아오
고 있다. 직업을 세 번 바꿨고 지금은 가장 내 몸에 맞고 가르
치는 일에서 가치와 기쁨을 느끼는 교사라는 옷을 입었다. 항
상 새로운 것을 배우고 응용하여 수업이나 삶에 적용해본다.
매년 대회나 공모전에 나가는 것도 정체되어 있지 않겠다는 의
지의 표현이기도 하다. 내 마음 그릇이 얼마나 커졌는지 시험
하기 위해 부장이라는 역할에도 도전했다. 쉽지 않았다. 아직
까지 남아있는 인정 욕구와 '내가 옳다'라는 자만심, 쓸데없는

자존심 등이 뒤엉켜 간혹 화도 나도 눈물도 난다. 아직도 가야 할 길이 많이 남아있다는 뜻이다.

클라리사 에스테스는 『늑대와 함께 달리는 여인들』에서 건강한 늑대와 여성은 심리적으로 많은 공통점을 가지고 있다고 말한다. 건강한 여성은 늑대와 아주 비슷하고 활력이 있고, 힘과 생기가 넘친단다. 자기 영역을 잘 지킬 뿐 아니라 주변 사람들을 북돋우며, 창의적이고 충직하다. 그러나 야성을 잃으면 나약하고 초라하고 파리해진다고 한다. 나는 현재 내 안에 야성이 눈을 뜬 걸 느낀다. 힘과 생기가 넘치는 날이 훨씬 많다.

하지만 반대의 경우, 야성을 잃고 심리가 불안정하고 유약해질 때도 여전히 있다. 그럴 때는 차분하고 이성적인 사색가형 가면을 쓰고 잠시 역할극을 한다. 이 또한 성장통이라 생각하면서. 도전하지 않았다면 결코 몰랐을 부장이라는 자리의 무게. 그렇게 흔들리면서 감당해나가다 보면 아주 조금 또 성장해 있는 나를 발견하리라. 상처에서 얻은 야성적인 지혜로 나의 직관은 더욱 섬세해지고 더 창조적인 삶을 살 수 있게 되리라. 김혜은 그녀 말대로 쉬운 역할이 어디 있겠는가. 그래서 나는 눈물을 닦고 다시 씩씩하게 일어나 도전, 도전한다.

여기 백발의 긴 머리에 조곤조곤한 말투와 은은한 미소까지 장착한 또 한 명의 여인이 있다. "아무것도 모른다는 건 가장 평온한 마음의 상태이다. 그리고 그 때문에 모든 것이 가능해진다."라고 말하는 자연 치유가이자 배우인 문숙. 그녀에게서는 편안한 우아함이 엿보인다. 그녀는 많은 이가 선망하는 폼나고 화려한 삶을 살았지만 원인을 알 수 없는 심각한 두통을 앓았다. 하지만 요가와 명상을 만나면서 자기 안에 욕구들과 마주하고 비움을 통해 비로소 고통에서 벗어날 수 있었다. 게다가 자연 건강식과 치유식과 같은 음식을 통해 마음뿐만 아니라 몸까지 치유할 수 있었다.

그녀는 40년 만에 연기를 다시 하다가 어느 중견배우에게 신인만 못하다며 핀잔을 듣고, 너무 곱게 살아 그렇다는 호통도 들었다고 한다. 하지만 자리를 박차고 나오지도, 나에 대해 뭘 아느냐고 대들지도 않았다. 그렇게 버텨낸 힘은 도대체 어디에서 나온 걸까? 나는 그녀가 쓴 『위대한 일은 없다』에서 그 답을 찾을 수 있었다. "아는 것보다는 모르는 것이 더 많다는, 아니 모르는 것이 전부라는 사실만 알아차리면 우리는 자유로워질 수 있다. 그렇게 위대하지도 않으며 위대할 것도 없고 위대하지 않아도 된다는 그 사실 하나만으로도 우리는 엄청난 고통에서 벗어날 수 있다." 단 두 문장만으로도 일순간 마음이 가벼워지지 않는가. 도대체 우리가 뭘 안다는 건가. 무슨 대단한 일을 한다고 그렇게 안달복달 하며 살고 있는가.

아무것도 모른다는 겸손함으로 촬영에 임했기에 그녀는 촬영 현장에서 더 많은 도움을 받을 수 있었다. 덤으로 아무것도 모르는 어린아이처럼 많은 것들을 가볍게 시도해 볼 수 있었다. 사실 그녀는 아무것도 모르지 않았다. 오히려 너무 많은 것을 알고 있었다. 『문숙의 자연 치유』를 읽다 보면 그녀가 얼마나 치열하게 공부했는지 놀랄 따름이다. 미국의 한 예술대학에서 최고상을 받고 졸업하여 화가로서 유명세를 날린 적도 있고, 꽃꽂이와 요가 자격증뿐만 아니라 자연 치유식 조리사 자격증까지 갖추어 전문 강사로도 활약을 했다. 그런 그녀가 아무것도 모른다는 것을 전제로 하고 삶을 살아간다.

여기에서 우리는 무엇을 깨달을 수 있을까. 결국 배움이 비움에 이르게 한다는 것이 아닐까. 마음 그릇에 배움이 켜켜이 쌓이면 그것이 넘쳐 흘러 마음은 원래의 상태로 맑게 돌아가고, 그 그릇의 크기는 예전보다 더 커지는 게 아닐까. 지식은 희미해지나 지혜는 오롯이 남아 또 다른 지식을 받아들일 공간을 마련하는 게 아닐까. 아마도 채우고 비우기를 반복할 수 있는 힘은 겸손일 것이다.

'내가 안다'는 오만함이 고개를 쳐들게 되는 때가 있다. '나를 알아봐 주지 않는다'는 억울함이 울컥 올라오기도 한다. 대부분 내 마음이 무엇인가로 꽉 차 있을 때이다. 겸손은 힘을 잃고 자존심만 시퍼렇게 날이 서 있게 된다. 이는 고개를 숙이고 몸을 낮춰 비우라는 신호다. 그래서 나는 오늘도 책을 읽고 새로운 것을 배우고 몸 명상을 한다. 아무것도 모르는 나로 리셋하기 위해. 내가 우주의 작은 모래먼지에 불과하다는 것을 상기시키기 위해.

마지막으로 고귀한 우아함이 엿보이는 어른이 여기 있다. 돈과 시간, 사랑과 에너지를 모두 내어주는 마음이 부자인 여인. 기부 천사, 봉사의 아이콘, 국민 엄마 등 별명까지 부자인 배우 김혜자다. 물론 일반인으로서 그녀의 수많은 미담을 똑같이 따라한다는 것은 불가능에 가깝다. 경제적으로 어려움을 겪고 있던 배우 김수미에게 선뜻 전 재산이 든 통장을 건네 준 사연이나 아프리카 봉사활동을 30년 넘게 해오고 있고, 매달 후원금을 지원하는 자식이 50명이 넘는다는 이야기는 입이 떡 벌어지는 수준이다. 그럼에도 그녀를 조금이나마 닮고 싶은 이유는 그녀의 진실한 마음과 몸소 보여준 이타적인 행동 때문이다.

"아프리카 한 번 가봐. 가보면 우리가 지금 하는 고민들은 다 쓰레기 같은 고민들이라는 걸 알게 될 거야." 몇 년 전 그녀가 모 예능 프로그램에 나와서 한 말이다. 부끄러웠다. 빈곤과 질병, 전쟁으로 매일 생사의 갈림길에 놓인 그 아이들 앞에서 내 안의 에고와의 전쟁으로 고통스러워한 날들이 다 쓰레기 같았다. 마음속에서 일어나는 내전이 완전히 끝나지는 않았지만 조금씩 내려놓고 있는 중이다. 그로 인해 남은 에너지로 가까운 곳에서 봉사를 시작했다. 바로 나의 일터인 교실 속 내 아이들과 그들의 부모에게. 그리고 동료 교사들에게.

한 부모 가정의 아이들이나 조손 가정 아이들에게는 먹는 것부터 챙겨주고 학습을 더 봐주고 더 자주 안아주었다. 그 아이들이 기죽지 않도록 그들이 얼마나 사랑스럽고 멋진 장점이 많은지 알려주었다. 마음에 상처가 있는 아이들과 학부모의 이야기에는 더 귀를 기울이고 그들의 편이 되어주었다. 그런데 신기하게도 내가 뭔가를 더 많이 줄수록 나 역시 아이들과 학부모로부터 더 많은 신뢰와 응원을 받게 되었다. 덩달아 자존감도 올라갔다.

한때는 듣는 귀가 나쁘고 마음 그릇도 작아 아이들과 학부모를 진심으로 사랑할 줄 몰랐고, 마음을 읽는 눈도 없이 지식만 전달하려던 어리석은 교사였다. 하지만 내가 나 자신을 인정해 주고 마음공부를 꾸준히 하다 보니 조금씩 주변이 보이기 시작한 것이다. 동료 교사들에게도 내가 가진 지식과 내가 만든 자료들을 아낌없이 공유했다. 그 행위에는 인정 욕구니 자존심 따위는 없었다. 그렇게나마 내가 가진 능력 선에서 작은 봉사를 하고 싶을 뿐이었다.

어쩌면 우아한 인간은 의학박사 변광호가 『E형 인간 성격의 재발견』에서 이상적인 인간 유형으로 제시한 E형 인간이 아닐까. E형 인간은 스트레스에 유연하고 타고난 성격의 단점을 그대로 인정하되 겸손과 감사, 배려, 봉사하는 마음을 갖추려 노력하는 사람을 말한다. 이런 태도를 갖춘 사람이라면 시인 랄프 왈도 에머슨이 〈무엇이 성공인가?〉라는 시에서 말한 진정한 성공을 이룬 사람이 아닐까 싶다. 자기가 태어나기 전보다 세상을 조금이라도 살기 좋은 곳으로 만들어 놓고 떠나는 사람, 자신이 한 때 이곳에 살았으므로 해서, 단 한 사람의 인생이라도 행복하게 하는 사람.

그리고 보니 내가 되고자 하는 우아한 인간은 지식이나 교양, 돈이 많은 사람이 아니다. 자신의 노력으로 얻은 마음의 평화를 주변에 전파하는 사람이다. 드라마 〈나의 아저씨〉의 마지막 장면에서 남자 주인공 동훈이 안정적인 삶을 찾은 것처럼 보이는 여자 주인공 지안을 향해 마음속으로 이런 질문을 던진 다. "그대, 편안함에 이르렀는가?" 나는 아직 이 질문에 "네"라 고 대답하지 못한다. 그러나 현재 나는 "그곳으로 가는 중입니 다. 그리고 때때로 그렇기도 합니다"라고 대답할 수 있다. 많 이 발전했다.

아직까지 나는 E형 인간도 우아한 인간도 아니다. 하지만 물 흐르듯 자연스럽게 그 목표에 다다르리라 믿는다. 당신도 그럴 것이다. 조금이라도 자신의 성격의 단점을 보완하려고 노력할 테니까. 힘들더라도 긍정의 에너지를 유지하려고 노력할 테니 까. 타인의 삶에 작은 온기라도 건네려고 노력할 테니까. 그렇 게 살다 보면 언젠가 우리의 등 뒤에도 찐 어른의 아우라가 희 미하게 생기지 않겠는가. 균형을 잃다가도 곧 제자리로 돌아와 가족의 건강과 행복을 바라는 엄마로서의 열망과 헌신만으로 도 당신과 나는 충분히 괜찮은 사람이다.

그러니 더 이상 자기 성격의 장단점에 신경 쓰지 말고 자신 감 있게 살아가자. 더 이상 과거에 얽매이지 말고 꿈을 향해 나아가자. 우아함은 꾸미거나 감춰서 만들지는 게 아니다. 진 정한 우아함은 내 안의 긍정과 영감을 믿으며 최선을 다해 산 오늘들이 쌓여 내면에서 흘러넘친 생기가 아니겠는가. 나를 감당해줬던 사람들에게 최상의 나를 가질 자격을 주자. 어떤 성격유형이든 중년의 아름다운 여성이여, 이제 진짜 시작이다. 아직 우리의 최고의 날은 오지 않았다.

향기는 어떻게 삶에 무기가 되는가

향은 의사결정에 영향을 미치고, 기억을 일깨우며, 행동을 조정한다.
은밀하게 스며들어 강력한 영향력을 발휘한다.
- 로베르트 뮐러-그뮈노브의 「마음을 움직이는 향기의 힘」 中에서 -

당신은 부정적인 감정으로부터 자유로워지는 자신만의 기호
품을 가지고 있는가? 다운된 기분을 순간적으로 끌어올리거나
불안하고 두려운 마음을 일시에 가라앉히는 특별한 물건 말이
다. 일단 술과 담배는 제외시키자. 마음에는 유익할지언정 몸
에는 해로우니까. 나에게는 아침에는 상쾌함, 오후에는 차분
함, 저녁에는 평온함을 느끼게 해주는 물건들이 있다. 나는 어
렸을 때부터 유난히 냄새를 잘 맡았다. 제사가 많아 두 달에
한 번꼴로 여섯 분의 고모와 고모부를 만나게 되었는데, 집에
들어서기 전부터 누가 오셨는지 금방 눈치를 챘다. 심지어 학
교에서는 눈을 감고도 어떤 친구인지 가려낼 수 있었다. 고유
의 체취뿐만 아니라 친구들의 옷에서 나는 섬유 유연제 냄새를
구별했던 것이다. 여성이 남성보다 선천적으로 냄새를 잘 맡는
다고는 하지만 그중에서도 내 코는 민감한 편에 들어간다. 때
때로 기분이 냄새의 영향을 받기도 한다. 그래서 냄새를 감정

관리에 적극 활용하기에 이르렀다. 가성비와 가심비까지 충족시키는 방향으로.

 사실 요즘 우리는 마스크 덕분에 싫든 좋든 다양한 냄새로부터 차단된 상태다. 그 어느 때보다 후각이 존재감을 잃었다. 하지만 코로나19의 초기 증상으로 일시적으로 냄새를 맡지 못하는 경우가 많고 후각을 영구적으로 상실하는 후유증이 남을 수도 있다는 기사를 접하고는 코의 가치에 대해 새삼 생각해보게 되었다. 냄새로 인한 소소한 즐거움을 잃어버린다면 어떨지 상상이 가는가? 알랭 드 보통은 『프루스트가 우리의 삶을 바꾸는 방법들』에서 박탈은 재빨리 우리를 음미의 과정으로 몰아간다고 했다. 그래서 후각의 기능에 감사하며 후각을 더 적극적으로 써야겠다는 생각이 들었다. 주변 환경을 내가 좋아하는 향기로 채우고 매 순간 음미해야겠다고 마음먹었다.

 시카고 로욜라 대학교 심리학 교수인 브라이언트는 음미란 지금까지 의미를 부여하지 않았던, 주변의 사물, 사람 등을 되새기고, 새로운 의미를 부여하여 즐기는 것이라고 했다. 그러면서 음미의 목적은 어떤 순간을 만끽할 수 있는 가장 큰 즐거움을 적극적으로 찾는 것이라고 말했다. 그렇다면 냄새에서 적극적으로 즐거움을 찾으려면 어떻게 해야 할까? 사실 우리가 의식하지 않은 순간에 숨을 쉴 때마다 코로 들어오는 수백만 개의 냄새 입자들 중에서 의도적으로 즐거움을 발견하기란 쉽지 않다. 어쨌거나 잠깐이라도 멈추고 온전히 그 냄새에 집중해야 하기 때문이다. 번거롭게 느껴진다고? 하지만 내가 좋아하는 어떤 향기 덕분에 좀 전에 누구 때문에 화난 기분을 누그러뜨린다면? 축 처진 기분이 순간 좋은 쪽으로 바뀐다면? 불쾌한 감정을 표출하는 것을 미리 막을 수 있다면? 그럼 한 번 노력해볼 만하지 않는가.

후각을 통한 음미가 매력적인 이유는 다른 어떤 감각보다 후각이 불러일으키는 기억이 가장 감정적이라는 데 있다. A. L. 케네디는 『살갗 아래』에서 "어떤 특정한 냄새들은 단순히 동물적인 침범이 아니라, 그 냄새들은 시간 여행이며 기쁨이고, 고향이자 비통함이다."라고 말했다. 당신은 어떤 냄새로 인해 과거로의 시간 여행을 해 본 적이 있는가? 나는 최근에 한 가지 냄새로 다양한 기억들을 떠올리는 경험을 했다. 요즘 우리 일상에서 가장 많이 사용하는 제품 중에 손 소독제를 빼놓을 수 없을 것이다. 나는 손 소독을 할 때마다 소주를 손에 들이붓는 느낌이 든다. 에탄올 향이 코를 강하게 자극하는 것이다. 처음에 그 향을 맡고서는 대학교 신입생 환영회 때 처음으로 소주 냄새를 맡았던 기억이 확 올라왔다. 아마도 그때 내가 "병원 냄새 같아요"라고 말했던 것 같다. 그리고는 내 차례가 되어 이호섭의 〈세월이 가면〉을 목이 터져라 부른 뒤 부끄러운 마음에 원샷을 했던 것 같다. 곧바로 속이 울렁거려서 화장실로 냅다 뛰어갔던 기억도 되살아났다. 아! 소주 그 자체의 향은 왜 그렇게 고약하던지. 지금도 커피를 타든 맥주와 섞든 소주의 본래의 향을 살짝 눌러야 비로소 후각이 그 소주 같지 않은 소주를 마시라고 허락한다.

손 소독제가 가져다준 또 다른 시간 여행은 바로 아빠에 대한 기억이다. 영화 〈마담 프루스트의 비밀 정원〉에서 주인공 폴은 프루스트 부인이 준 홍차와 마들렌을 먹고 아빠에 대한 잘못된 기억을 바로잡는다. 나 또한 손 소독제 속 알코올 냄새로 꽤 괜찮은 기억을 낚아 아빠의 부드러운 면을 떠올렸다. 항상 무섭고 무뚝뚝하던 아빠가 유일하게 자고 있는 내 얼굴에 뽀뽀를 하며 건네던 애정 어린 말들, "우리 이쁜 딸, 잘 자고 있는가?" 그때 나던 냄새가 바로 진한 술 냄새였다. 자다가 기습 뽀뽀를 받으면 짜증이 났지만 아빠의 웃음 섞인 목소리와 화가 사라진 듯 편안해진 마음이 느껴져서 '아빠에게도 이런 따뜻한 면이 있구나!' 하고 생각했던 것 같다. 지금 와서 돌이켜 보면, 가장으로서의 무거운 책임감 때문에 강한 척하셨지만 아빠는 속이 참 여리고 정이 많은 분이었음을 알겠다. 술은 무의식을 보여주고 사람을 솔직하게 해 주지 않은가. 그 깊은 속정을 제대로 표현도 못 하시고 오히려 자꾸 반대로 표현해서 자식들과 멀어지게 되었을 때 얼마나 답답하셨을까. 남들에게는 별스러울 게 없는 손 소독제 냄새가 눈물까지 쏟게 하며 나를 철들게 한다.

이처럼 감정 및 기억과 깊은 관련이 있는 후각은 가장 늦게까지 젊음을 유지한다는 매력도 있다. 시력과 청력 등 다른 감각들은 세월이 흐르면서 그 기능이 약화되어 돋보기나 보청기 등 보조 기구의 도움을 받아야 한다. 하지만 후각 세포는 24일을 주기로 다시 만들어진다고 하니 정말 신기하고도 감사할 일이지 않은가. 게다가 인간의 후각은 50만 개의 서로 다른 냄새를 구분할 수도 있다고 한다. 이 대단하고 기특하고 젊기까지 한 감각을 제대로 활용하지 않는다면 후각에 대한 모독이 아니겠는가. 이제부터 내가 향기로 어떻게 내 감정과 행동을 조정하는지 그 소소한 지혜들을 말해보고자 한다.

하루의 시작과 끝을 향기와 함께

알랭 드 보통은 『소소한 즐거움』에서 심리적 또는 영적으로 긍정적인 역할을 하는 소유물을 찾는 데 정말로 집중한다면 훌

류한 소비지상주의가 생겨날 것이라고 했다. 나는 이제 더 이상 옷이나 액세서리 같은 외면을 꾸미는 물건을 구입하는 데서 마음의 위안을 삼지 않는다. 대신 내면을 가꾸는 물건, 즉 심리적 평온함을 가져다주는 향기 제품에 관심을 갖게 되었다. 알랭 드 보통의 말을 빌리자면 훌륭한 소비를 할 줄 알게 되었다고나 할까.

한 동안 나는 집에서 원인 모를 악취로 스트레스를 받았다. 가뜩이나 냄새에 예민하니 가족 중에 유독 나만 참기 힘들어했다. 목마른 놈이 우물을 파는 심정으로 탐색견처럼 코를 킁킁대며 냄새의 발원처를 찾아다녔다. 결국 오랫동안 방치되었던 베란다 화단의 흙을 거둬내고, 보일러와 세탁실이 있는 베란다 외벽의 곰팡이를 제거했다. 음습한 창고와 베란다 수납장에 쌓여있던 물건들도 정리했다. 마지막으로 주방이며 화장실 하수구까지 청소하고 나니 화가 나있던 코에 평화가 찾아왔다. 사실 정리해야지 하면서도 엄두를 내지 못하고 있었다. 새집으로 이사할 때까지만 참자며 애써 외면해 왔다. 그때는 무기력증으로 집에만 오면 아무것도 안 하고 쉬고만 싶었던 시절이기도 했다. 지저분한 곳은 가리거나 못 본 척 눈을 감으면 되었다. 하지만 냄새만은 내 의지로 어찌할 수 없었다. 코를 막는다고 될 일이 아니었다. 그래서 큰맘 먹고 팔을 걷어붙인 것이

다. 내일 당장 이사 가더라도 오늘만은 편히 숨을 쉬자는 마음
으로.

 그렇게 나는 어이없게도 예민한 코 덕분에 무기력증에서도
벗어날 수 있었다. 그리고 예전보다 심리적으로 안정되고 더
부지런해졌다. 이때부터 본격적으로 집에 향기를 입히기 시작
했다. 오래되고 낡은 집이지만 집에서 좋은 향이 나니 집안을
깨끗하게 유지하고 싶어 졌다. 간혹 위층 베란다에서 키우는
강아지의 오물 냄새로 불쾌했지만 향초를 피워 층간 냄새 문제
를 조용히 해결했다. 꽃이 가득한 정원을 거닐며 사는 삶에 대
한 로망은 잉글리시 가든 오일 디퓨저로 대신 해소했다.

 처음에는 향을 단순하게 악취 제거와 향기 인테리어 용도로
만 사용했다. 하지만 향이 주는 행복을 소소하게 누리다 보니
다른 방법으로도 향기를 즐기고 싶어졌다. 향은 공간에 성격을
부여한다고 하는데 나는 집에서 갖는 나만의 시간에 그에 어울
리는 향을 더하고 싶었다. 어쩌면 나에게 향은 온전히 나 자신
에게 집중하는 시간을 알리는 시작종과도 같다. 당신은 하루에
몇 번이나 자신이 하고 싶은 일에 온전히 머무르는가? 나는 잠
깐이라도 복잡한 생각들을 멈추고 지금 이 순간에 머물러 있는
기회를 다양하게 갖는다. 그 이후의 시간에 활기차게 살아갈

에너지를 저장해 두려는 것이다. 집안일이나 육아 이외에 오직 나만을 위한 시간은 아무리 짧아도 거기에서 얻은 즐거움은 오래간다.

미국의 메리 올리버 시인은 『완벽한 날들』에서 세상은 아침마다 우리에게 다음과 같은 질문을 던진다고 말했다. "너는 여기 이렇게 살아있다. 하고 싶은 말이 있는가?" 내가 하고 싶은 말은 '감사합니다'와 '오늘도 정말 좋은 날입니다'이다. 도무지 감사함을 느끼지 못하던 날들이 있었다. 내 가족, 일, 집, 나라는 존재 자체, 모든 것이 만족스럽지 않았다. 남을 부러워하는 감정이 마음속에 가득하니 사람을 만나는 일도 피곤했다. 그런 와중에 내게 주어진 모든 것들이 당연하다는 오만한 생각에서 벗어나게 한 아이템이 있으니 그것은 '인센스 스틱'이다.

향선이라고도 하는데 숯 또는 목재 분말을 막대기 형태로 만들어 향을 발생시키는 제품이다. 아침 명상에 조금 시들해질 때쯤, 처음에 명상을 하며 느낀 설렘과 초심을 되찾기 위해 이것저것 알아보다가 발견한 물건이다. 10센티미터 안팎의 가녀린 몸이 거의 30분 동안 제 몸을 태워 공간에 좋은 향을 입혀주고 내 영혼에 평화와 맑은 기운을 전해준다. 재로 변한 모습은 고요하다. 하지만 무언으로 내게 이렇게 말을 건넨다. "물성이 바뀌었다고 내가 아닌 게 아니야. 난 여전히 인센스 스틱, 향선이지." "뜨거운 고통을 참고 견디면 이렇게 가벼워져. 오늘도 잘 참아 봐." "널 다 내어줘도 돼. 주고 나면 이렇게 고요한 행복을 맛볼 수 있지." 명상을 하고 아침부터 좋은 말을 들으니 매일 내 입에서 저절로 이 말이 나오는 것이다. '오늘도 정말 좋은 날이야. 힘내자!'

그런데 인센스 스틱이라는 새로운 세계에 발을 들여놓으려고 하니 다양한 제품의 비교와 분석이라는 골치 아픈 일을 거쳐야 했다. 크게 인도, 일본, 우리나라 이렇게 세 나라의 제품이 눈에 들어왔다. HEM인센스는 30년 전통의 인도 인센스 최고의 브랜드로 70개국으로 수출된다는 화려한 이력을 자랑했다. 나그참파는 창업자가 인도 뱅갈루루 지방에서 여행하는 도중, 인도의 유명한 구루 SATYA SAI BABA에게 영감을 받아 나그참파 향을 개발했다는 낭만적인 탄생 비화와 함께 세계 100개국으로 수출되고 있어 인센스 스틱 계에서 왕좌에 앉아 있는 듯한 느낌이 들었다. 특히 〈효리네 민박〉에까지 출연하여 더 유명세를 타고 있는 것 같았다. 일본의 니폰코도는 세계 3대 명향으로 일본에서 가장 우수한 향 제조업체에서 만들어졌으며, 무려 430년 전통을 가지고 있어서 가장 장인 정신이 느껴지는 제품이었다.

나는 대단한 애국주의자도 아니면서 이상하게 국내 제품에 더 끌렸다. 오이뮤 에어 인센스 스틱은 오이뮤라는 디자인 스튜디오가 오랜 명맥을 이어오고 있는 청솔향방과 콜라보로 만든 제품인데 젊고 세련된 감각이 마음에 들었다. 무엇보다 오이뮤라는 회사 대표의 마인드가 좋았다. 디자인 활동을 통해 사라져 가는 사물의 수명을 연장시키고 과거와 현재의 가치를 잇는 역할을 하고자 한단다. 이렇게 마음이 예쁘고 창의적이기까지 한 사람들이 만든 물건을 어찌 쓰지 않을 수 있단 말인가. 성분과 제조법도 믿음직하다. 느릅나무 껍질, 옥수수 전분, 녹나무 가루 및 송진이 주재료다. 장인이 직접 뽑아낸 반죽을 자연풍에 건조한 후 수개월의 숙성기간을 거치면 고운 향선이 탄생한다. 예술품과도 같은 이 제품들 중에서 나는 시트러스 향 마니아답게 첫 선택은 '귤피향'으로 했다. 말린 귤껍질 냄새와 같은 잔향이 청량하다.

　카라영 인센스에서 만든 부용향에 담긴 이야기도 매력적이다. 조선시대 왕실의 대표적 선향이었던 부용향이 스틱형 제품으로 부활한 것이다. 왠지 왕실에서 사용하던 귀한 제품을 손쉽게 저렴한 금액으로 득템한 것 같아 기분이 좋았다. 퇴계 이황은 그의 제자에게 편지글과 함께 책과 부용향 한 봉지를 선물했다는 이야기도 있다. 조만간 나도 지인에게 부용향을 책과 함께 선물해주고 싶다. 이 제품의 가장 큰 장점이자 매력은 화학염료나 인공향료, 방부제가 일절 들어가지 않았다는 것이다. 안전 확인 대상 화학제품 검사에서도 유해물질이 검출되지 않았다고 하니 믿고 태울 수 있는 확실한 향이다. 나는 정신을 맑게 해 준다는 '황후의 나라'를 선택했다. 백단의 은은한 잔향이 참 고급스럽다.

취운향당의 향선은 거의 보약 수준이다. 능혜스님이 27년간 한의약 책을 탐독해 가며 자신의 몸으로 임상 시험하여 만든 고행의 결정체다. 몸에 좋고 품질이 확실한 20여 가지의 한약 재료가 들어가 있어 반죽을 삼켜도 된다고 한다. 접착제도 화학제품이 아닌 유근피 가루를 쓴다. 스님이 만든 향에는 단지 정신만 맑게 하는 게 아니라 오장육부의 기능을 좋게 하는 오향이 들어간다. 바로 폐 기능을 돕는 백단, 심장 기능을 돕는 정향, 신장 기능을 돕는 침향, 위장 기능을 돕는 유향, 간 기능을 돕는 목향이다. 나는 몸을 따뜻하게 해 준다는 '취운'을 선택했다. 은은한 한약재 향이 나 건강해지는 기분이 든다.

집안일을 마친 뒤 나만의 독서 시간에는 창문을 활짝 열고 'The Scent of PAGE'라는 교보문고 시그니처 향 향초를 켠다. 이제부터 내 공간이 곧 교보문고다. 이 향초에는 시트러스, 피톤치드, 허브, 천연 소나무 오일 등의 재료가 들어가 있다고 한다. 그래서인지 허브농원에 와 있는 느낌이 든다. 아무튼 이 특별한 향만으로 나는 두세 시간가량 나만의 교보문고에서 편안하게 책을 읽는다. 향초는 일주일에 한두 번만 켠다. 아끼는 것도 있지만 곁에 두는 것만으로도 은은하게 향을 느낄 수 있기 때문이다. 이때 나의 행복지수를 더 높여주는 음미의 물건이 있으니 바로 초콜릿이다. 이 향초의 케이스는 짙은 갈색의 네모 상자라서 초콜릿을 담아주기 딱 좋다. 초콜릿은 세로토닌을 증가시킨다고 하고, 세로토닌은 불안이나 화, 우울 등의 기분을 조절한다고 하지 않던가. 초콜릿을 천천히 녹여 먹으며 느리게 책을 읽노라면 부정적인 기운은 모두 사라지고 마음속에 행복과 평온만 가득하다.

이제 마지막으로 잠들기 직전 침대 위에서 갖는 나만의 시간이 남았다. 남편은 이미 녹초가 되어 코를 드르렁거리며 자고 있다. 예전에는 나 홀로 깨어있는 그 시간을 즐기느라 환한 형광등 불빛 아래에서 책도 읽고 휴대폰으로 이런저런 기사를 검색하며 새벽녘까지 깨어있기 일쑤였다. 하지만 이제는 올빼미족이라는 미명 아래 늦게 자는 못된 습관과 이별을 고했다. 나이 들어서도 젊고 재미있게 살려면 지금 나를 다 써버리면 안 되니까. 그래서 딴짓을 하고 싶은 유혹을 물리치고 최대한 12

시 전에 눕는다. 그런데 습관은 참 무섭다. 피곤한데도 도통 잠이 오지 않는다. 이번에도 향기에서 답을 찾았다. 작은 라탄 바구니에 편백나무 볼들을 담고 편백나무 오일을 두세 방울 떨어뜨렸다. 그리고는 유튜브를 들으면서 10분 이내의 베드타임 요가를 한다. 그러면 요가를 따라 하다가 도중에 잠이 온다. 편백향은 내 숙면까지 책임지는 고마운 향기다. 환 공포증이 없다면 이 앙증맞고 사랑스럽기까지 한 편백나무 볼을 들여놓기를 권한다.

그러나 뭐니 뭐니 해도 집안에서 향기로 힐링을 하려면 부지런해져야 한다. 아무리 고가의 명품 향초며 룸스프레이를 사용한다고 한들, 집이 더러우면 무슨 소용이 있겠는가. 나는 집안에서 향기를 사용하면서 다음의 습관은 지키려고 한다. 자주 환기시키기, 힘들어도 꼭 설거지하고 자기, 음식물 쓰레기는 저녁에 내다 버리기, 매주 주말에 화장실 청소와 침구 빨래 및 교체하기. "붕붕붕 꽃향기를 맡으면 힘이 솟는 꼬마자동차"라는 추억의 만화영화 노래가사를 기억하는가? 향기와 친해 보라. 꼬마자동차처럼 힘이 솟아나 집안일을 하고도 나만의 휴식 시간을 더 많이 만끽할 수 있을 테니.

직장에서 즐기는 게릴라식 향기 세러피

향기는 직장에서도 셀프컨트롤을 할 수 있도록 도와주는 '보이지 않는 무기'다. 이제 더는 열정과 자비는 전염시켜도 못된 감정은 전염시키려 하지 않는다. 직장에서 그날의 저조한 기분이나 갑작스레 찾아든 부정적인 감정을 다스리지 못해 낭패를 본 적이 있지 않은가? '나 지금 기분 완전 별로거든!'이라는 바이러스를 팍팍 퍼뜨리며 주변 사람들을 불편하게 하고선 돌아서서 '아, 그때 조금만 참았더라면' 하고 후회한 적이 한 번쯤은 있을 것이다. 기분에 대해서도 권리가 있다. 레몬트리의 『기분이 태도가 되지 않게』에 이런 글이 있다. "다른 사람은 당신의 기분을 모르고 지나갈 권리가 있다. 당신도 마찬가지다. 다른 사람의 기분을 모르고 지나칠 권리가 있다." 안 그래도 우리는 변수가 많은 직장에서 긴장과 불안을 어느 정도 내재하고 살아한다. 그런데 주변 사람들에게 작은 칭찬이나 유머를 건네기는커녕 알 권리도 없는 내 기분을 투척한다면 그게 바로 민폐이지 않을까. 따라서 관계나 일을 그르치기 전에 의도적으로 내 기분을 좋게 하기 위한 나만의 비법을 가지고 있어야 한다.

나의 기분을 업그레이드하기 위해 찾는 첫 번째 향기는 아침 공기와 나뭇잎의 냄새다. 내가 출근해서 가방을 내려놓고 컴퓨터를 켜자마자 하는 일은 바로 창문 열기다. 나는 교실과 복도의 창문들을 활짝 열며 상쾌하고 담백한 공기를 코로 깊게 들이마신다. 그러면 남아있던 피로감이 쑥 내려가면서 머리까지 맑아진다. 요즘은 창가에 놀러 온 나뭇잎들의 냄새를 맡으며 인사하는 것도 잊지 않는다. "나뭇잎들아, 우리 교실에 놀러 와 줘서 고마워. 오늘도 우리 평온하게 하루를 살아가자. 아이들과의 수업도 즐겁게 들어줘." 새벽이슬을 머금은 청초한 향기는 내 안에 잠들어있던 청초한 향기를 끌어낸다. 오늘도 어제보다 조금은 더 맑은 사람이 되고 싶어진다.

두 번째 향기 세러피의 주인공은 비누 냄새다. 아이들이 모두 떠난 빈 교실을 청소하고 난 뒤 나는 곧바로 마음의 비움과 채움의 시간을 갖는다. 그때는 아이들에게 온 힘을 쏟아부었던 만큼 에너지가 거의 남아있지 않은 상태다. 나를 돌볼 시간인 것이다. 나는 새끼손가락 길이보다 더 작고 얇은 비누 조각 하나를 들고 화장실로 간다. 그리고는 그 작은 몸에 물을 묻혀 손바닥 위에 놓고 천천히 두 손을 비비며 이렇게 말을 한다. "오늘도 아이들과 별일 없이 잘 지낼 수 있게 해 주셔서 감사합니다.", "통제하려는 마음을 알아차리고 내려놓을 수 있게 해 주셔서 감사합니다.", "불필요한 지적의 말을 알아차리고 바로 입을 다물게 해 주셔서 감사합니다." 등. 영화 〈중경삼림〉에서 양조위가 실연 후 닳아빠진 비누와 대화를 나누던 장면을 기억하는가? "그녀가 떠났어도 넌 자신을 잃지 마."라고 중얼거리던 그 장면을. 내가 나를 위로하고 칭찬해 주는 말. 상큼함 비누향 덕에 그 말들이 더욱 기분 좋게 들린다.

몇 달 전 딸아이의 고모가 여드름에 효과가 있다며 다이얼 골드 비누를 24개나 보내왔다. 너무나 오랜만에 맡아보는 향인데도 그 익숙한 청량함에 깜짝 놀랐다. 순간 부지런쟁이 우리 엄마가 항상 얼룩 하나 없이 말끔하게 청소해 놓은 욕실에서 나던 깨끗한 비누향이 떠올랐다. 마음이 안정되고 편안해지는 기분마저 들었다. 그래서 이 다이얼 비누를 교실에서 방향제 겸 마음 안정제로 사용하기로 했다. 언젠가 인터넷 검색에서 본 생활 속 꿀팁을 따라 해 감자칼로 비누를 쓱쓱 깎아내 쓰지 않는 라탄 화분 커버에 담았다.

지금 그 비누 방향제는 교실 속 내 책상 바로 뒤쪽에 있다. 우리 아이들이 수학책이나 받아쓰기 채점을 받기 위해 줄을 서 있다가 냄새를 맡으라는 의도다. 유독 "아 어쩌지? 다 맞아야 할 텐데."라며 긴장을 보이는 아이들이 있다. 그러면 비누냄새를 맡으라고 한다. 긴장을 늦추고 기분도 좋아지라고. 코를 박고 킁킁대며 냄새에 집중하느라 잠깐 동안은 평온해 보인다. 요즘은 이 비누조각이 다 녹을 때까지 '감사합니다'를 말하며 손을 씻으라고 한다. 몇몇의 아이들은 "8번을 말했다", "15번을 말했다"라며 서로 더 많이 말했다고 자랑을 한다. 그리고는 물 묻은 손을 내 코가 있는 위치의 마스크에 들이대며 "깨끗하죠? 냄새 좋죠?"한다. 아이 손에서 나는 다이얼 비누향은 더 순수하고 향긋한 것 같은 느낌적인 느낌이 있다. 덩달아 내 기분까지 좋아진다.

세 번째로 찾는 향기는 커피 향이다. 우리의 예민한 후각은 특정한 화학물질을 감지할 수 있어서 수백 가지 물질이 섞여 있는 커피 향기 속에서도 로즈옥사이드 이성질체를 감지하고 우리 뇌를 행복하게 해준다고 한다. 이 어려운 이름의 물질이 뭔지는 모르지만 분명 기분을 좋게 해주는 것은 확실하니 그저 감사할 따름이다.

내게는 커피를 내려 마시는 일이 10분 이내의 짧은 명상과도 같다. 먼저 다소 느린 걸음으로 유리로 된 커피포트에 정수기 물을 받아와서 물을 끓인다. 이어서 향이 좋은 예가체프나 과테말라 안티구아, 코케허니와 같은 원두를 그날 기분에 따라 고르고, 수동 커피 그라인더에 한 컵 반을 담아 천천히 간다. 물 끓는 소리와 원두가 갈리는 소리가 동시에 조용한 공간을 가득 채운다. 그 순간 나는 누군가에게 즐거움을 주기 위해 자신의 몸이 뜨겁게 데워지는 고통과 몸이 잘게 부서지는 고통을 참는 것을 고스란히 느낀다. 그다음에 드리퍼에 적당히 갈린 원두를 붓고 핸드드립 주전자에 끓는 물을 담아 천천히 달팽이 집을 그리면서 숫자 열까지 세 번을 세어 커피를 내린다. 마지막으로 물과 커피 원두의 고통과 기쁨의 결합체를 마시면서 자기희생의 의미를 되새긴다. 『나를 바꾸면 모든 것이 변한다』에서 제임스 알렌은 다음과 같이 자기희생을 정의했다.

> "만약 성공하기를 바란다면 자신의 욕망, 이기적인 생각, 변덕스러운 감정을 버리기 위해 끊임없이 노력해야 한다. 이 작업을 '자기희생'이라고도 부르는데 이것을 '자신을 없애 버리는 행위'라고 해석하는 것은 분명 잘못된 것이다. 자기희생이란 원래 마음속에 있는 나쁜 것을 없애고 좋은 것을 채우는 등 자신의 모든 능력을 향상시키기 위해 노력하는 작업이다. 그것은 기쁨에 가득 찬, 매우 건설적인 행위다."

그렇다면 내가 오후에 검은 눈물을 내리고 마시는 행위는 내 안에 부정적인 기운을 씻어내고 밝고 활기찬 에너지를 채우는 자기희생의 작업이라 할 수 있다. 오후에는 고도의 집중을 요하는 행정업무를 주로 하게 되는데 이때 마시는 커피는 원기회복제이자 집중력 향상제이다. 카페인의 효능은 익히 알고 있지만 최낙헌의 『과학으로 풀어본 커피향의 비밀』에서 언급한 카페인의 효능에는 귀가 솔깃해진다. 실험 심리학 저널에 실린 연구에 따르면 카페인 성분이 실제로 문장의 문법 실수를 잡아내는 데 도움을 준다고 한다. 주어-동사 일치, 동사 시제 등의 실수를 잡아내는 능력을 향상시켜 문장 교열능력이 좋아진다고 한다. 분명 커피 한 잔을 내려 마신 뒤 행복한 마음으로 문서 작업을 하면 문장을 실수 없이 쉽게 만들어내는 것 같다. 그게 기분 탓인지 카페인 탓인지는 알 수 없지만.

커피 향은 나눌수록 즐거움이 배가 된다. 정성스레 커피를 내려 첫 잔을 동료에게 주는 마음은 그 자체로 기쁨이다. 영화 〈카모메 식당〉에서 여주인공이 커피를 맛있게 내리기 위해 '코피 루왁'이라고 마법의 주문을 걸며 커피를 내리지 않는가. 나는 대신 '운이 술술 풀린다'라고 마음속으로 주문을 건다. 맛이나 향에 있어서 더 욕심을 내지는 않는다. 다만 그 사람을 위해 약간의 운을 시나몬 파우더처럼 뿌려주는 것이다. 나는 오늘도 나 자신을 위해 혹은 고마운 사람들을 위해 커피 그라인더를 돌린다.

로버트 존슨의 『내 그림자에게 말걸기』에는 이런 우화가 나온다. 중세시대에 한 사람이 외바퀴 손수레를 밀며 가고 있는 노동자 두 명을 보고 뭘 하느냐고 물었다. 첫 번째 노동자는 "보면 몰라요? 손수레를 밀고 있잖아요." 또 다른 노동자는 "보면 몰라요? 하느님의 일을 수행하는 중이잖아요. 샤르트르 성당을 짓고 있다고요."라고 대답했다. 두 번째 노동자는 분명이 일을 음미하고 있었을 것이다. 자신의 건설적인 행위에 중요한 의미를 부여하기 때문이다. 나 또한 커피를 가는 행위를 매 순간 음미하려고 한다. 누군가 전동 커피 그라인더를 쓰지 왜 힘들게 그걸 돌리고 있냐고 묻는다면 나는 이렇게 대답할 것이다. "보면 몰라요? 내 안에 부정적인 감정들을 곱게 갈아 깨끗한 마음의 집을 짓고 있잖아요."

커피 방향제를 직접 만들어 향기를 선물하는 소소한 즐거움도 누려보길 추천한다. 커피 여과지에 곱게 간 원두를 넣어 귀퉁이를 접고 윗부분 중앙에 펀치로 구멍을 뚫어 마끈을 길게 해서 매듭을 지으면 된다. 이때 크라프트 견출지에 책에서 찾은 좋은 문장을 적어 붙이고 예쁜 스티커까지 더하면 완성! 처음에는 커피향에 행복하고 그다음에는 그 사람에게 어울리는 문장을 고르며 평온해지고, 그 소소한 선물을 받은 사람이 "아, 커피향 좋다"라며 미소를 지을 때 또 행복해진다. 적은 노력과 금액으로 커다란 기쁨과 평온함까지 얻을 수 있으니 이보다 더 가성비 좋은 향기 세러피가 있을까.

나만의 향수로 다른 누구도 아닌 나를 유혹하라

사실 향기라는 단어를 들으면 가장 먼저 머릿속에 떠오르는 것은 향수다. 당신은 어떤 향기를 좋아하는가? 자신에게 가장 잘 어울리는 향기가 무엇인지 아는가? 나는 시트러스 계열의 향을 좋아한다. 이 향은 오렌지, 레몬, 라임, 자몽 등의 감귤류의 향이다. 내가 시트러스 향을 좋아한다는 것을 안지는 몇 년 되지 않았다. 마흔에 들어서면서 거의 십 년 동안 육아로 인해 잊고 지냈던 향수를 다시 입고 싶다는 느낌이 들었다. 가브리엘 샤넬은 "여자는 마흔이 넘으면 그 누구도 젊지 않다. 하지만 나이와 상관없이 거부할 수 없을 만큼 매력적일 수 있다."라고 말했는데, 아마도 그때 내가 더 이상 젊지 않으나 매력은 잃고 싶지 않은 마음에 향수를 찾았는지도 모르겠다. 하지만 없어도 그만인 사치품이라 할 수 있는 향수에 애 엄마가 돈을 쓰자니 왠지 모르는 죄책감이 들었다. 그래서 가성비와 가심비를 신중하게 고려하여 선택한 향수가 바로 자몽향의 '프레쉬 헤스페리데스 오 드퍼퓸'이다. 자몽과 레몬이 뒤섞인 싱그러운 청량감 덕분에 무거운 몸과 마음을 잠시나마 가볍게 만들어 출근길에 나설 수 있었다.

최근에 나는 『향기 탐색』을 읽다가 세상에 단 하나뿐인 나만의 향수를 직접 만들고 싶어 졌다. 곧바로 인터넷에서 향수 공방을 검색해 보았다. 북촌 한옥 마을에 있는 '아로마인드'라는 곳이 가장 마음에 들었다. 소박하면서도 세련된 한옥 내부 인테리어도 취향 저격이었고, 원데이 클래스에 1인 참여가 가능하다는 점도 좋았다. 무엇보다도 50ml 본품 향수를 만드는 체험비가 5만 원인 것도 딱 부담스럽지 않은 수준이었다. 공교롭게도 향수를 만든 날은 내 딸의 생일날이었고 달리 말하자면 내가 아이를 출산한 날이기도 했다. 사실 아이를 낳고 보니 생일이 '나의 탄생일'보다 '나를 낳기 위해 엄마가 죽을 고비를 넘긴 날'이라는 의미로 더 느껴졌다. 그래서 언제부터인가 내 생일에 엄마가 축하 전화를 하면 "오늘 나 낳느라 엄마가 고생 많았지 뭐. 고마워. 나 낳아줘서."라고 무심한 듯 말하고선 맛난 거 사드시라고 적은 용돈이라도 챙겨 드리게 되었다. 아주 쪼금 철이 들어가고 있다고나 할까. 이런 의미로 그날 향수를 만든 것은 내 딸을 낳기 위해 죽을 고비를 넘긴 내 노고에 내가 주는 선물이었다.

총 1시간가량의 체험시간 중에 시향 하는 20분이 가장 재미있었다. 다음에 어떤 향을 맡게 될지 설레는 시간의 연속이었다. 조향사님이 시향 지를 건넬 때마다 조심스럽게 잡아서 신중하게 향을 맡았다. 워크시트에 각 향에 대한 느낌과 점수를 적어야 했기 때문이다. 예를 들어 이런 식이다. 레몬 향에 대해서는 '향이 너무 강하고 살짝 레모네이드 발포제 향 같음' 6점, 코코넛 펀치 향에 대해서는 '코코넛은 먹는 거 말고는 별로야' 5점, 스모키 레더 향에 대해서는 '한의원 갔을 때 공기, 섹시한지 모르겠음' 5점 등. 이렇게 30가지의 향기 베이스를 시향하고 나름의 메모를 하느라 아주 잠깐 피로감이 들기도 했다. 하지만 나만의 향수를 내가 직접 만든다는 창작의 기쁨이 더 커서 그 순간에 몰입할 수 있었다. 향기를 너무 많이 맡으면 후각도 피로해진다고 한다. 그러면 본래의 향을 제대로 맡을 수 없기에 이때는 자신의 살 냄새를 맡아서 코를 중화시키면 된다고 한다. 어딘가에서 주워들은 꿀 정보다. 그래서 나는 틈틈이 내 팔의 체취를 맡으며 새로운 향기를 시향 했다. 나와 인연이 될 향기를 고대하면서.

 최종적으로 3가지 향료를 결정했다. 향수의 첫인상이라 할 수 있는 탑 노트는 상큼하면서도 따뜻한 '유자 향'으로, 향수를 뿌린 뒤 10분 정도 지나고 나서 올라오는 미들 노트는 산뜻하면서도 달콤한 '라일락 향'으로, 피부와 결합해서 가장 오랜 시간 동안 지속되는 베이스 노트는 잔잔한 꽃향기가 부드럽게 퍼지는 '우드 & 세이지 향'으로 했다. 처음에 나는 어떤 향수를 만들고 싶냐는 질문에 가을, 겨울에도 뿌릴 수 있는 따뜻한 시트러스 계열의 향수를 만들고 싶다고 답했다. 조향사님은 내 시향지의 높이를 조절하며 향의 조화로운 화음을 찾아내면서 이렇게 말했다. "원하시는 향들을 아주 잘 선택하셨네요. 향도 좋고 잘 어울릴 것 같아요." 선생님에게 칭찬을 들은 학생처럼 괜스레 기분이 좋았다.

이날 나를 제외하고 20대인 듯 보이는 세 커플이 있었다. 모두 약속이나 한 것처럼 왼쪽 가슴에 브랜드 마크가 찍힌 셔츠를 커플룩으로 입고 있었다. 풋풋하니 귀여웠다. 내 앞에 앉은 커플은 존댓말을 어색하게 사용하는 걸 보니 아직은 서로 알아가는 단계에 있는 것 같았다. 젊은 여인은 남자 친구에게 계속 이런 식의 질문을 했다.

"저에게는 어떤 향이 잘 어울릴 것 같아요?"
"어때요 이 향? 저에게 어울리는 것 같아요?"
"향이 좀 이상하지 않아요? 맡아봐요. 괜찮아요?"

그녀는 왜 조향의 주도권을 그의 손에 맡긴 듯한 질문을 했을까? 자신이 정확히 어떤 향을 좋아하는지 몰라서였을까? 아니면 '당신이 좋으면 저도 다 좋아요'라는 마음이었을까? 어쨌든 돌아오는 그의 대답은 "저도 잘 모르겠는데요."였다. 결국 조향사님의 도움을 받긴 했지만 그녀는 영 자신의 향수에 확신이 없어 보였다.

나도 그랬다. 나에게 무슨 향이 잘 어울리는지 몰랐었다. 이십 대 중반, 화장품 가게에 진열된 아기자기한 향수병 모양에 이끌려 향에 상관없이 이 향수 저 향수를 뿌렸었다. 그런 와중에 나에게 맞지 않는 너무 강한 향기로 상대에게 불쾌감을 준 적이 있다. 한 번은 소개팅을 한 남자와 두 번째 데이트를 하던 날이었다. 예쁘게 보이고 싶은 나머지 그를 만나기 바로 직전에 향수를 생각 없이 여기저기 뿌린 것이다. 내가 그의 차에 타자마자 그가 창문을 내리며 이렇게 말했다. "향수가 너무 과하다. 살짝만 뿌리지." 그때 그에게 잘 보이고 싶은 마음이 들켜서 얼마나 창피하던지. 게다가 내가 얼마나 촌스러워 보이던지. 지금도 그 향수는 잊지 못한다. 빨간색의 '베르사체 레드 진 오 드 뚜왈렛'. 강한 플로럴 향이 나와는 잘 어울리지 않았던 향수였다.

여자에게 향수하면 빼놓을 수 없는 이야기가 바로 '샤넬 향수'와의 추억일 것이다. 틸라 마쩨오는 『샤넬 넘버 5』에서 여성이 샤넬 향수를 뿌리는 이유를 두 부류의 여성으로 분류하여 설명한다. 젊은 여성들은 자신이 부유하고 세련되었다고 느끼기 위해 이 향수를 뿌리고, 부유하고 세련된 여성들은 섹시해지기 위해 뿌린다는 거다. 일부 동의한다. 스물다섯 살 되던 해, 취업을 해서 돈을 1년 이상 벌고 있고 뭔가 이뤄낸 것 같은 자기도취에 빠져있을 때, 나는 처음으로 백화점 샤넬 매장에서 거금을 주고 '샤넬 코코 오 드 퍼퓸'을 구입했다. 그 향수를 뿌리면 왠지 더 아름답고 매력적인 여성이 된 기분이 들었다. 나를 모르는 사람들에게서도 유독 칭찬을 많이 들을 수 있었다. 향수 하나 바꿨을 뿐인데 왜 그랬을까? 시쳇말로 단순히 '부내 뿜 뿜'이었던 건 아니었을까? 하지만 분명한 건 내면의 만족감을 위해 뿌린 건 아니었다는 거다. 그저 비싸고 고급스러워 보이니까, 샤넬이니까, 그리고 불안하고 가난한 영혼을 화려한 향기로 감춰주니까 뿌렸던 것이다.

하지만 내가 직접 만든 나만의 향수는 달랐다. 내 향수에 대한 확신이 들었고 만족감이 컸다. 나에게 어울리는 향이 무엇인지 알고 있고, 타인에게 잘 보이기 위해서가 아니라 나 자신의 행복을 위해 만들었기 때문일 것이다. 문득 향수를 만들면서 알게 되었다. 후각 못지않게 필요한 감각은 '자기감', 즉 자신을 이해하는 감각이라는 것을. 『내 마음은 내가 결정합니다』에서 정정엽은 '자기감'을 다음과 같이 정의한다.

"자신에 대한 감각과 감정, 생각과 느낌을 뜻하는 용어는 자기감이다. 구체적으로 말하자면 나는 누구인지, 어떤 사람인지, 무엇을 좋아하며, 어떤 사람과 관계를 맺을 것인지 등 자신에 대한 전반적인 자각과 느낌이 포함된 개념이다."

누구든 완벽한 자기감을 갖고 있지는 못할 것이다. 그것은 아마도 평생을 두고 가꾸어 나가야 할 '나'라는 감각일 테니까. 하지만 최소한 어느 정도의 건강한 자기감을 가지고 있다면 타인의 기호나 생각이 아닌 나만의 취향에 따른 물건의 제작과 소비를 할 수 있을 것이다. 나를 가장 잘 아는 사람은 바로 나 자신일 테니까. 그런데 알고 보면 건강한 자기감을 갖는 것은 그리 어렵지 않다. 정정엽 정신건강의학과 전문의는 단 세 가지의 구성요소로 건강한 자기감을 만들 수 있다고 말한다. 돈이 아니라 '만족감', 인맥이 아니라 '나와 연대하는 관계', 번듯한 학력이 아니라 '끊임없이 배우려는 자세' 그리고 보니 모두 외적인 조건이 아니라 내적인 태도와 관련이 있다. 그렇다면 매일 운동으로 건강한 몸을 만들 듯, 자신의 진실을 지속적으로 탐구해 나가고 일상에서 끊임없이 음미할 거리를 찾는다면 건강한 자기감도 만들 수 있지 않을까.

그런데 자기감에서 빠질 수 없는 것이 성격이다. 성격에 따라 좋아하는 향기도 다르다는 것을 아는가? 오하니 조향사는 유튜브 채널 〈향수 읽어주는 여자 하니 날다〉에서 미국에 있는 후각·미각 치료 및 연구협회에서 한 「향기 선호도에 따른 성격유형 실험」 결과를 다음과 같이 이야기해 준다. 시트러스 향을 좋아하는 사람은 타고난 리더나 야심가 타입이란다. 일을 할 때 사람들 앞에 나서는 것을 두려워하지 않고, 적극적이고 진취적인 성향을 지니고 있다고 한다. 나는 타고난 리더는 아니지만 열정적이고 진취적인 성향인 것은 맞다. 반면에 장미향을 좋아하는 사람은 행동하기 전에 신중하고, 섬세하고 예민한 성향이라고 한다. 요즘에는 장미향도 괜찮게 느껴지고 있었는데 아마도 나이가 들면서 성격도 변하기 때문인 것 같다.

아무튼 그날 나는 집으로 돌아오면서 내 성격에도 어울리는 나만의 향기를 만든 기쁨에 향수를 손목, 팔, 목, 머리카락 등 여기저기에 뿌리고 향에 취해서 콧노래를 목청껏 부르며 운전을 했다. 그 순간만은 마리 앙투아네트도 부럽지 않았다. 예상했던 대로 나중에는 머리가 지끈거려서 창문을 열고 운전을 해야 했지만. 내 맞춤 향수는 『향기탐색』의 저자 셀리아 리틀턴의 향수처럼 하나의 노트에 서너 가지의 향이 들어가는 화려한 향수는 아니다. 하지만 내가 처음에 상상했던 대로 상큼하면서도 따뜻하고 은은하다. 첫 조향 치고는 나쁘지 않다.

내 향수의 향을 음악에 비유하여 표현하자면 이렇다. 탑 노트는 〈그대 내 품에〉를 원곡자인 유재하가 부르는 버전처럼 맑고 순수하고 상쾌한 느낌이다. 미들 노트는 가수 김연우가 부르는 버전처럼 산뜻하고 따뜻하며 달달한 느낌이다. 마지막 베이스 노트는 하동균이 부르는 버전처럼 묵직하고 그윽하면서도 청량함을 잃지 않는 느낌이다. 이상하게도 내 향수를 몸에 뿌리자마자 유재하가 '별 헤~는 밤~이면' 하고 부르는 〈그대 내 품에〉의 첫 소절이 떠올랐다. 그래서 나는 별 고민 없이 내가 만든 첫 향수에 '그대 내 품에'라는 이름을 붙여주었다.

　향수에 대한 이야기를 하다 보니 감정에도 탑 노트, 미들 노트, 베이스 노트가 있다는 생각이 든다. 탑노트는 현재 스쳐 지나간 생각이고, 미들 노트는 내가 지금 느끼는 감정이라고 할 수 있다. 베이스 노트는 그 감정의 진짜 원인, 즉 뿌리 깊은 고정관념이나 상처라고 할 수 있겠다. 예를 들어 직장에서 회의 중에 자신이 괜찮은 아이디어를 내놓았다고 하자. 그런데 동료들이 별다른 반응이 없으면 '뭐지? 이 사람들이 날 무시하는 건가?'라는 생각이 순식간에 떠올라 곧 휘발될 것이다. 그 다음으로 '서운함' 또는 '원망스러움' 더 나아가 '버림받은 느낌'과 같은 감정이 올라올 수 있다. 그러나 여기에서 머무르는 것이 아니라 베이스 노트인 그 감정의 뿌리를 알아채려는 노력이 가장 중요하다. 베이스 노트가 향기의 완성도를 결정하는 것처럼 감정의 뿌리를 찾아내야 내 마음 밭을 단단하게 만들 수 있는 것이다. 그것은 '내가 부족한 사람이지'라는 잘못된 신념이나 부모로부터 충족되지 못한 '인정 욕구'일 수 있다. 썩은 것은 뽑아내 마주하고 과거의 상처받은 나를 내가 안아주어야 한다. 그래야 진정한 나의 향기를 찾을 수 있게 되는 것이다.

주디스 올로프는 『감정의 자유』에서 감정이 생기면 특히 부정적인 감정이 생기면 누가 반응하고 있는지, 나인지, 부모님인지 스스로에게 물어보라고 조언한다. 나는 감정의 베이스 노트를 음미하려고 노력하면서 '내가 잘못되었다' 또는 '내가 부족하다'는 자기 비하에서 벗어날 수 있었다. 여전히 타인의 비난을 받을까 두려울 때도 있고, 너무 뒤처질까 걱정되기도 한다. 하지만 금세 그 감정은 내가 아님을 알아차리고 나에게 기분을 전환시킬 거리를 제공한다. 이때 등장하는 무기가 바로 내 향수와 섞은 핸드크림이다. 상큼하고 은은한 유자향을 천천히 손에 입히며 나는 이렇게 말한다. "넌 정말 대단해. 그러니 아무 문제없을 거야." 더 이상 타인에게 잘 보이기 위해 애쓰지 말자. 그 대신 나 자신에게 진실되고 친절하며 매력적인 사람이 되자. 나만의 향수로 다른 누구도 아닌 나 자신을 유혹해

보라. 그러면 향기는 나를 포근히 안아주며 내면 깊숙이 파고 들어와 당당한 나, 밝고 긍정적인 나를 끌어내 줄 것이다.

향기의 으뜸, 언향을 리뉴얼해보기로 했다

"지하실 냄새", "행주 삶는 냄새", "선을 넘는 냄새"

영화 〈기생충〉에서 박사장이 기택에게서 나는 불쾌한 냄새를 표현한 대사들이다. 이 말은 결국 기택의 열등감을 건드리고 피비린내 나는 파국으로 치닫게 한다. 그런데 만약 말에 냄새 가 있었다면 어땠을까? 몸에 아무리 럭셔리한 나치 향을 뿌린 들 말에서 악취가 풍긴다면 향수가 무슨 소용이 있겠는가. 상 대를 무시하는 말투에서 나는 냄새가 역겨운 냄새였다면 이를 바로 알아차리고 입을 다물 수 있지 않았을까. 그랬더라면 박 사장은 최소한 자신의 목숨은 건질 수 있지 않았을까.

사실 향기의 으뜸은 말의 향기다. 고운 말의 향기를 지닌 사 람 곁에 가면 항상 밝은 에너지가 새어 나온다. 향기와 함께 행복 바이러스도 퍼져 나가 주변 사람들도 덩달아 행복해진 다. 그들은 달변가라기보다는 달청가에 가깝다. 그냥 잘 듣기 만 하는 것이 아니라 왜곡해서 듣지 않는다. 과하지도 덜하지 도 않은 적당한 듣기, 어느 한쪽에 치우치지 않기에 말하는 이가 스스로 평정심을 찾고 해답을 찾아가도록 해준다. 대학시절, 반 지하에서 자취하던 내 친구에게서도 항상 특유의 습한 지하실 냄새가 났었다. 내가 과제를 하느라 그 친구 집에 들렀다가 도서관에 가면 다른 친구들이 모두 그 친구 집에 있다가 왔는지를 알아차릴 정도였다. 하지만 우리는 모두 그 친구를 따르고 좋아했다. 느리면서도 편안한 말투, 다 들어주고 나서 "괜찮아, 그럴 수도 있지. 힘내."라는 단 몇 마디로 마음의 평온을 가져다주던 따뜻한 말씨. 그 친구 말에서 나는 향기가 너무 좋아서 몸이나 옷에서 나는 반지하 냄새 따위는 전혀 신경이 쓰이지 않았다. 그렇다. 그 사람 말의 향기를 알아버리면 그 사람이 무슨 냄새를 풍기느냐는 상관없는 것이다.

당신은 살면서 한 번이라도 자신의 말에서 어떤 향기가 나는지 생각해 본 적이 있는가? 아니면 자신의 언어 특히, 모국어 능력에 이상이 없는지 의심해 본 적은 없는가? 나는 향기 세러피로 내 마음을 셀프 컨트롤하는 연습을 하면서 말하기 능력과 듣기 능력이 포함된 내 언향에 대해 생각하지 않을 수 없었다. 말의 향기는 인위적으로 만들어진 향을 내 몸과 주변에 입히는 것이 아니다. 내 안에서 만들어진 자연스러운 냄새를 내가 직접 주위에 분사하는 것이다. 즉 나 자체가 향의 발원체로서 인센스 스틱이고, 방향제이고, 비누고, 향수가 되는 것이다. 언향은 어떤 향기보다 강력하고 오래 지속되며 숙성될수록 더 좋은 향을 갖게 되는 가성비 갑의 향기다. 물론 잘못 관리하면 주변 사람들을 모두 도망가게 할 만큼 악취를 풍길 수도 있지만.

나는 중년이 된 이 시점에서 내 말하기 및 듣기 능력을 점검하고 리뉴얼해야겠다고 마음먹었다. 어른이라는 타이틀을 달고 살아가야 하기에 그에 걸맞은 성숙한 대화 기술을 갖추고 싶기 때문이다. 우선 『말센스』의 저자가 자신의 대화 진행 방법에 문제점이 있는지 친한 친구에게 피드백을 요청했듯이, 나도 용기를 냈다. 직언을 잘하는 나의 친한 친구에게 내 말하기 및 듣기 능력에 대해 솔직하게 말해달라고 부탁을 했다. 어떠한 비판도 수용할 마음의 준비가 되어있으니 객관적으로 피드백해달라는 말을 덧붙여서.

결과는 처참했다. "자기중심적으로 말하고 듣고 해석하는 편이 강하지. 자신의 말에 공감해 달라는 의존성도 강한 편이고, 반대되는 의견이나 비판하는 말을 힘들어하고. 말하기 능력도 듣기 능력도 점수로 치자면 별로 좋지 않아." 어느 정도 예상은 했지만 이 정도일 줄이야. 마음이 아팠다. 나쁜 말 습관을 오랜 시간 동안 달고 살아온 나 자신이 한심해서. 그런 말

습관을 지니고 누군가를 가르치는 자리에 있다는 게 부끄러워서. 친구는 나를 위로하려는 듯 이렇게 마무리를 지었다. "그래도 너는 유연하고 열전도율이 높아서 금세 상대방에게 공감해 주고 네 잘못도 고치려고 노력하잖아. 그거 아주 큰 장점이다. 나 봐라. 나는 진심을 배제하고 공감하는 척만 하잖아. 나는 고칠게 더 많다."

맞다. 우리는 고칠 게 참 많은 말 습관을 지니고 있다. 갑자기 최근에 내가 말실수를 한 상황들이 머릿속에 떠올랐다. 가족 중에 안 좋은 일이 있는 친구의 근심을 들어주다가 위로한답시고 했던 말. "일어날 일이 일어난 것뿐이야. 네 책임이 아니야." 친한 선생님이 동료와의 갈등으로 인한 괴로움을 토로하는데 조언한답시고 했던 말. "10명 중에 7명은 나에게 무관심하고 2명은 나를 싫어하고 1명만 나를 좋아한대요. 그러니 나를 싫어하는 사람이겠거니 하고 신경 쓰지 마세요." 하지 말았어야 했다. 해답은 이미 그들 마음속에 있었을 것이다. 그 순간 그들이 바란 건 따뜻한 눈빛과 들어주는 넉넉한 마음 그리고 침묵이었을 것이다. 『침묵이라는 무기』를 쓴 코르넬리아 토프는 말이 많은 것을 다음과 같이 지적한다.

"쉴 새 없이 떠드는 사람들을 보면 자기 말을 전달하고 싶은 욕망, 인정욕구가 너무도 강해 상대가 자기 말을 듣고 있는지는 관심조차 없다."

지금까지 나의 인정욕구를 충족시키기 위해 얼마나 많은 TMI와 불필요한 말들로 지인들에게 말 못 할 피로감을 안겨주었을까. 생각하면 부끄럽고 미안하다.

그래서 도서관과 서점으로 향했다. 말하기와 관련된 책을 10권 정도 읽다 보니 어렴풋이 보였다. 잘못된 말버릇을 고치기 위해 가장 먼저 배워야 할 것은 말하고 싶은 욕구를 참는 것! 여전히 쉽지 않다. 입을 닫는 것보다 여는 것에 익숙한 것이다. 하지만 매번 내가 쌓아놓은 말 쓰레기 더미를 보며 후회하고 싶지 않았다. 그래서 시도해 보고 있는 것이 바로 '질문'이다. 세 명 이상이 모였으면 마음속으로 '이 토크쇼의 MC는 나'라고 되뇐다. 그리고 단 둘이 대화를 나눌 때는 '나는 이 사람의 인터뷰어다'라고 생각한다. 그렇게 하면 열 마디 할 거가 다섯 마디로 준다. 달리 말하면 내가 말실수를 할 확률도 낮아지는 것이다.

여기에 하나 더 추가한 기법이 '칭찬'이다. 모두가 알고 있지만 잘 되지 않는 게 타인의 장점을 그때그때 찾아내는 것이다. 칭찬이 쉬운 듯 하지만 어려운 이유는 선행 조건이 뒷받침되어야 하기 때문이다. 그것은 바로 내 안이 평온하고 행복한 에너지로 채워져 있어야 한다는 것이다. 그러려면 내가 나를 시시때때로 칭찬해야 한다. 내 안에 있는 것만이 타인에게 줄 수 있다고 하지 않은가. 내가 나에게 했던 칭찬 중에서 상대방에게 어울리는 칭찬을 꺼내어 주는 것이다. 아무리 줘도 줄지 않는 게 마음속 칭찬곳간이다. 이때 한 가지 주의할 점은 형식적인 칭찬이나 너무 과한 칭찬이다. 오스카 와일드는 "칭찬은 향수와 같다. 향을 내되 코를 찔러서는 안 된다."라고 말했다. 마음에서 우러난 자연스러운 칭찬이 은은하게 오래 기억된다는 것을 잊지 말자.

그런데 듣기 능력에 따라, 언향의 깊이는 달라진다. 나는 듣기에 더 취약했다. 있는 그대로 듣지 못하고 자꾸 낡고 고장난 번역기를 돌려 내 멋대로 해석했다. 얼마 전 어떤 부장님이 우리 학년에서 제출한 결과물에 그려진 달팽이를 교장 선생님이 마음에 들어 하신다며 "누가 그린 거예요?"라고 물으셨다. 나는 잠깐 멈칫하다가 "우리 4반 샘이 그린 거예요. 제가 그려 달라고 했거든요. 그런데 문구는 제가 만들었어요."라고 말해 버렸다. 사실 말이 목울대를 치고 올라올 때 느꼈다. 인정 욕구가 발동한다는 것을. 그 부장님이 말을 꺼낼 때 나는 '문구가 참신하다'는 칭찬을 기대했던 것 같다. 그러나 내 예상과는 다른 질문을 받자 순간 '달팽이만 괜찮고 제목은 별로였다는 건가?'라는 비교와 판단을 한 것이다. 그래서 굳이 드러내지 않아도 될 나의 소임을 밝히고 만 것이다.

친구에게 이 부끄러운 상황을 얘기했다.
"나 유치했지?"
"어, 솔직히 말해서 좀 유치했다. 딱 첫 문장만 말하고 끝냈으면 멋졌을 텐데."
인정한다. 변명하자면 그날 나는 조금은 지쳐있었다. 그럼에도 긍정의 말들로 내 칭찬곳간을 가득 채워 넣었어야 하는데 셀프 칭찬 주입을 깜빡한 것이다. 그런 날 유독 듣기 평가의 오류를 범한다. 듣기 전에 잘못된 예상을 하고, 들은 후에 섣부른 판단을 한다. 이때 말실수를 하지 않는 방법은 침묵과 칭찬이다. 타인과의 말은 줄이고 나와의 대화는 늘리는 것이다. 내가 했던 사소한 일들을 찾아내서 계속 칭찬하기. '내가 제일 예뻐'라는 창작 동요를 어깨를 흔들면서 부르기. 이 두 가지만으로도 어느새 부정적인 감정에서 벗어난다.

새삼 진주에게서 듣기의 기술을 배운다. 건강한 조개는 자신의 부드러운 살에 거친 모래가 박히면 이를 무시하거나 억지로 빼지 않는다. 제 몸 안에서 nacre(진주층)라는 생명의 즙을 짜내어 모래를 감싸고 감싼다. 이렇게 반복해서 덮다 보면 상처는 아물고, 괴로움의 실체였던 모래는 품위 있는 진주로 변모한다. 우리의 마음에도 매일 거친 말이 박힌다. 그런데 말은 상대방이 했지만 이미 들은 그 말을 어떻게 쓸지는 내 손에 달려있다. 예상하거나 판단하지 않고 있는 사실 그대로 듣는 노력이 첫째 중요하다. 그다음으로 '괜찮아, 별 일 아니야.', '그럴 수도 있지', '그 사람이 나쁜 사람은 아니잖아.', '그 사람에게 고마운 점도 참 많지', '그래도 힘내자, 힘!' 등 계속 회복의 말들로 그 거친 말을 감싸는 것이다. 이처럼 '받아들임'과 '자기 치유'라는 듣기의 기술을 갈고 닦다 보면 우리의 마음에 박힌 아픈 말들은 빛과 향기를 지닌 말로 서서히 변화될 것이다.

요즘 나는 모국어를 다시 배우고 있다. 내가 들어보지 못해서 아이에게도 나 자신에게도 하지 못한 말들을 배우고 있는 중이다. '국민 육아멘토'인 오은영 박사의 『어떻게 말해줘야 할까』를 교본처럼 보고 있다. 이 책에는 이 말이 첫 번째 육아 회화로 등장한다.

"네가 내 아이라서 진짜 행복해"

사실 읽자마자 궁상맞게 눈물이 났다. 나도 너무 듣고 싶었던 말인데 듣지 못한 원망스러움 때문이었을까. 아니면 내 아이가 아주 어렸을 때 말해주지 못한 미안함 때문이었을까. 어찌 됐건 이제 나는 이 말을 달고 산다. 그리고 응용하기까지

한다. 나에게는 "네가 나라서 진짜 행복해", 딸아이에게는 "네가 내 딸이라서 우주만큼 행복해", 우리 반 말썽쟁이 아이에게는 "너 덕분에 선생님은 매일 행복해. 고마워" 말하는 사람도 듣는 사람도 모두 행복해지는 마법 같은 문장이다.

  말의 향기를 리뉴얼하는 데 있어서 가장 중요한 것이 훈습이 아닌가 한다. 훈습이란 향내음이 나면 저절로 향냄새가 몸에 배는 것처럼 주변 사람들에게 나도 모르게 영향을 받게 되는 것을 말한다. 그러니까 스승이라 부를 수 있는 분들의 깨달음을 매일 읽고 듣고, 고운 말을 쓰는 사람들과 어울리다 보면 어느덧 우리 안에 아름다운 말이 차곡차곡 쌓이게 되는 것이다. 그렇게 되면 최종적으로 마음도 긍정적이고 평온한 상태에 이르게 되지 않을까. 하지만 언제든 우리는 몸과 마음의 평화가 깨져 외국어보다 못한 듣기와 말하기 수준으로 떨어질지 모른다. 한 가지는 확실하다. 우리가 훈습을 통한 말공부를 멈추지 않는다면 어제보다 오늘 더 나은 말투를 갖게 될 거라는 것. 나도 나의 스승들처럼 마음공부 못지않게 말공부에도 정진하며 살련다. 그래서 어떤 자리에서든, 어떤 상황에서든, 안에서부터 우러나는 말의 향기를 풍기는 사람이 되고 싶다. 그리고 그 향기로 타인의 오점에서 나는 냄새마저 보듬을 수 있는 기품 있고 넉넉한 어른으로 성장하고 싶다.

세 번째 수업

'또 다른 나'를 깨워

새로운 것에 도전하는

치유 놀이

내가 독자가 되는 셀프맞춤형 글을 쓴다는 것

———

자신의 욕망에 충실하면 비교하면서 괴로워하지 않는다.
나 자신을 진정으로 상처 줄 수 없게 되기 때문이다.
'욕망을 양보'하지 않고 자신에게 충실하는 것,
내 삶에 스스로가 중심이 되어 나답게 존재하고 나답게 살아가는 것이다.
- 샤를 페펭의 「자신감 - 단 한 걸음의 차이」 中에서 -

당신은 완전한 침묵과 고독 속에서도 기쁨을 느끼는 자신만의 동굴을 가지고 있는가? 자신이 무엇에 몰입했을 때 진정으로 기쁨을 느끼는지 알고 있는가? 이 질문에 대답을 망설이거나 대답할 수 없다면 이제부터라도 나를 가장 나답게 해주는 것이 무엇인지, 나만이 창조할 수 있는 가치는 무엇인지 깊게 생각해 보길 바란다. 분명 사느라 바빠서, 아이들 키우느라 시간이 없어서 동굴이니 나다움의 발견이니 하는 것은 사치라고 말하고 싶을 것이다. 나도 불과 몇 년 전까지 그랬으니까.

사실 욕망은 사치 맞았다. 젊은 날에는 부모의 기대감을 짊어지고 어른들이 가라하는 그 길을 쫓아가느라, 부모가 되고서는 의무감을 짊어지고 앞만 보고 달리느라 뒤를 돌아볼 새가 없었다. 분명 인생이라는 길 위에서 달리는 사람은 바로 나 자신이었으나 '진정한 나'는 아니었다. 내 취향도 아닌 마라톤 복을 입고 내가 편안하게 느끼지 않는 길 위에서 어쩔 수 없이 뛰고 있는 것이다.

그로 인해 나는 원인 모를 우울감을 느꼈고 심리적 공허감을 관계 속에서 채우고자 애를 썼다. 항상 친구들을 찾았고 그 속에서 위안을 받는다고 착각했다. 관계중독에서 벗어나기 위해 손에 휴대폰 대신 책을 집어 들었다. 학원 앞에서 아이를 기다리는 시간에 책을 읽었고, 주말에 모임에 나가는 대신 차라리 혼자 카페에 앉아 책을 읽었다. 타인의 눈치를 보느라, 그들의 인정을 요구하느라, 매번 이불 킥을 할 만한 말들을 쏟아내느라 불필요한 에너지 낭비를 하지 않아도 됐다. 그저 오롯이 '고요한 나'와 '고요한 책'이 만날 뿐이었다.

그렇게 몇 해를 보냈다. 불쑥 외로움이 찾아오면 또다시 습관처럼 친구에게 전화를 걸어 무방비 상태에 있는 친구를 감정 쓰레기통으로 만들었다. 하지만 독서로 가난한 마음이 채워지자 그 횟수도 점점 줄어들었다. 오히려 기꺼이 친구의 감정 쓰레기통이 되어주는 여유까지 생겼다. 그때 나 자신이 얼마나 대견하던지.

그래서 고독의 동굴은 꼭 필요하다. 그동안 가면을 쓴 채 마음의 창밖으로만 향해있던 시선을 돌려 민낯의 내가 마음의 창 안에 있는 내면의 나를 바라봐야 한다. 내면 아이가 웅크리고 앉아 나의 관심과 빛을 하염없이 기다리고 있는 곳, 눌러왔던 욕망과 내가 몰랐던 가능성이 선택받기를 몸부림치는 곳, 즉 나를 나답게 해주는 그 무엇인가가 존재하는 곳으로 가서 내가 직접 그것을 찾아 밖으로 끄집어내야 한다. 참 신기하게도 외면의 나와 타인과의 물리적 거리 두기를 하고, 내면의 나와 심리적으로 가까워지자 우울감도 자연스럽게 사라졌다.

치유의 독서는 치유의 글쓰기로 이어졌다. 창작에 대해 어디에서 배워본 적도 없는 내가 노트에 무엇인가를 계속 끄적였다. '성장의 기쁨'은 질투라는 바이러스에 대해 백신이 되어주고 슬픔으로부터 우리를 보호해 준다고 했던가. 정말로 타인과 나를 비교하며 열등감에 사로잡히는 일이 줄어들었다. 자기 연민에 빠져 슬퍼하는 일도 거의 없어졌다. 꼼짝 않고 몇 시간씩 앉아 글을 완성해 갈 때마다 희열을 느꼈다. 힘든 줄도 몰랐다. 백신뿐만 아니라 영양주사까지 맞은 기분이랄까. 그렇다. 나를 나답게 해주는 그 무엇을 낚은 것이다.

만만한 책쓰기 프로그램 탐색

영화 〈연인〉의 작가 마르그리트 뒤라스가 『마르그리트 뒤라스의 글』에서 한 말은 내가 본격적으로 글쓰기를 배우고 책을 쓰고 싶다는 욕망을 부추겼다.

> "굴속에, 굴 깊숙한 곳에, 거의 완전한 고독 속에 자리 잡기. 그리고 글쓰기만이 구원을 주리라는 것을 깨닫기. 책에 대해 그 어떤 주제도 없이, 그 어떤 생각도 없이 있기. 그것은 책 앞에서 자기 스스로를 발견하기, 스스로를 되찾기다."

곧바로 책쓰기 프로그램을 알아보았다. 나만의 동굴로 파고들고 싶은 의욕은 넘쳤으나 방법을 전혀 몰랐기 때문이다. 사실 열의가 금세 시들해질까 하는 우려도 한몫했다. 책쓰기 프로그램의 가격은 천차만별이었다. 적게는 몇십만 원부터 많게는 천만 원을 훌쩍 넘는 프로그램도 있었다. 우선 일일 특강을 신청해서 들어보았다. 두 곳은 수강료도 너무 비싼 데다가 상업적인 냄새가 풀풀 풍겨서 내가 원하던 방향과 맞지 않았다. 돈보다는 순수하게 글쓰기에 대한 수업을 듣고 싶었으니까.

그래서 첫 책쓰기 모임으로 택한 곳이 '글Ego 자아실현적 책쓰기 프로젝트'다. 수강료도 저렴한 편이고, 함께 글을 쓰는 동기들이 있기에 왠지 자극이 될 것 같았다. 한 주에 한 번 총

6주간 프로젝트에 참여했다. 글쓰기에 대한 대략적인 이론은 2시간씩 소설가 성해나 님께 들을 수 있었다. 결국 글은 혼자서 인내의 시간과 엉덩이의 힘으로 쓰는 일이지만 매주 과제를 제출하는 의무감과 작가님의 따뜻한 피드백 덕분에 포기하지 않고 끝까지 갈 수 있었다.

책은 POD 방식으로 출판되었다. 이는 책 구매자의 주문이 있을 때만 책을 제작하는 맞춤형 소량 출판 시스템을 말한다. 10명의 동기의 설익은 글이 『치유행진곡』이라는 제목하에 한 권의 책에 담겼다. 처음에는 동기들이 모두 20대 청춘들이어서 어색했었다. 하지만 첫 책을 쓰겠다는 목적과 진로에 대한 고민은 비슷했기에 나이와 상관없이 용기와 열정을 깨울 수 있는 소중한 시간이었다.

글Ego에서 나만의 동굴을 파기 위해 곡괭이질을 조금 했다면 본격적으로 굴을 더 깊게 파기 위해 굴삭기가 필요했다. 다시 말해 좀 더 숙련되고 전문적인 책쓰기 프로그램이 필요했던 것이다. 간절히 원하면 온 우주가 도와준다고 했던가. 우연히 네이버 카페 첫 화면에 뜬 글쓰기 카페에 알 수 없는 이끌림에 의해 들어가 보게 되었다. 상업적인 냄새는 전혀 없었다. 글쓰기에 대한 순수한 열정만 감돌뿐. "아무 스펙도 없는 평범한 교사인데 이 프로그램에 참여해도 될까요?" 바로 대표님께 전화를 걸었다. "물론이죠. 그거면 충분합니다." 그렇게 나는 〈내 인생의 첫 책쓰기〉 17기 회원이 되었다.

심리학자 융은 인간의 삶은 결국 자아(의식의 나)가 자기(무의식의 나)를 찾는 과정이라고 말했다. 이곳에서의 책쓰기 과정이 바로 자기를 찾아가는 여정 그 자체였다. 살면서 한 번도 생각해 보지 않은 철학적 질문에 매일 리포트를 써 나갔다. 나는 누구인가?, 나는 어떤 사람으로 기억되고 싶은가?, 무엇에 살아있음을 느끼는가?, 향후 5년 안에 하고 싶은 욕망은?, 남은 삶이 딱 일 년이 주어졌다면 어떻게 보낼 것인가?, 나의 강점은 무엇인가? 등등. 과제 하나를 하기 위해 이 책 저 책을 읽고 날을 새 가며 온전히 나를 주제로 한 글쓰기에 몰입했다. 관문을 하나씩 통과할 때마다 내가 누구인지 어렴풋이 알기 시작했다.

"그런데 내가 누구죠? 먼저 나에게 대답을 해주세요. 내가 어떤 사람인지 알면 일어날게요. 그러지 않으면 다른 사람이 말해 줄 때까지 나는 여기서 꼼짝 하지 않을 거예요." 〈이상한 나라의 앨리스〉에 나오는 대사다. 어쩜 그동안 나도 앨리스처럼 바라 왔던 것 같다. 내가 누구인지 누가 대신 가르쳐주기를,

누가 와서 일으켜주기를. 그러나 내가 스스로 나 자신을 공부하고 파헤치고 그 결과를 글로 써 내려가는 과정에서 나는 자유와 자신감을 느꼈다. 넘어져 있던 내가 벌떡 일어나 "나, 이런 사람이에요."라고 말할 수 있게 된 거다.

내 욕망을 부추겨주는 스승이란

그러나 내가 쓴 글에는 영 자신이 없었다. 글쓰기 카페에 글을 올릴 때마다 내 안에 겁쟁이가 튀어나왔다. '내 글이 이상하다고 생각하면 어쩌지?', '아무도 댓글을 달지 않으면 어쩌지?' 하는 걱정이 앞섰다. 많은 용기가 필요했다. 내 생각과 내 삶이 적나라하게 노출되는 일이니까. 그때 두려움을 떨쳐내고 계속 쓸 수 있는 힘을 불어넣어 준 말 한마디가 있다.

"그대는 천상 글쟁이고, 글로 밥벌이를 할 수 있는 사람이다."

소심하고 자존감이 낮던 마돈나는 무용 교사 플린 선생님이 해주신 "너는 아름답고 뛰어난 재능을 가졌으며 폭발적인 카리스마를 지니고 있어"라는 말 한마디 덕분에 인생이 바뀌었다고 한다. 슈퍼 모델 장윤주도 "얘 다리 좀 봐라. 너 범상치 않구나. 넌 커서 톱모델이 될 수 있겠어"라는 수학선생님의 말 한

마디에 모델의 길로 들어섰다고 했다.

그렇게 내게도 글쟁이의 욕망을 알아보고 이끌어 내주신 스승이 있다. 바로 너무도 인간적인 오병곤 사부님! 스승의 진심 어린 격려의 말 한마디는 마법과도 같다. 마음속 저항을 용기로 바꿔 놓는다. 심지어 잠들어 있는 나의 욕망에 자기 신뢰의 날개를 달아 놓는다. 제자가 준비되면 스승이 나타난다고 했던가. 그때 나타난 스승은 분명히 나다움을 향해 가는 여정에 페이스메이커가 되어줄 것이다.

사실 나를 나답게 해주는 일을 하는 데 필요한 스승은 많으면 많을수록 좋다. 먼저 자신답게 살았던 그들의 삶에서 나답게 해주는 무기들을 얻을 수 있는 것이다. 추억의 보글보글 게임을 기억하는가? 사탕이나 신발 아이템을 먹으면 공룡들은 힘을 얻어 움직임이 빨라진다. 더 많은 양의 버블도 쏠 수 있어서 몬스터들을 쉽게 가둘 수 있다. 이처럼 나는 스승의 삶에서 엿본 지혜를 받아먹고 계속 글을 쓸 수 있는 힘을 얻었다. 창작의 가장 나쁜 적인 두려움과 의심도 물리칠 수 있는 강력한 무기를 득템한 것이다.

먼저, 내가 가장 좋아하는 작가인 프랑스의 지성 아니 에르

노는『진정한 장소』라는 인터뷰 집에서 글을 쓰기 시작할 때 '명백한 감정'을 가지라고 말한다. 즉 자신이 겪은 일을 다른 사람도 겪었을 것이라는 확신을 갖고 글을 쓰라는 것이다. 그녀는 절망과 만족감을 교대로 느끼며 윤곽이 뚜렷하지 않은 일, 그것을 향해 용감하게 돌진해서 마침내 원고를 완성해 낸다. 원고를 끝내고 나서 하는 생각은 '자, 해치웠어!'이다. 지금 나도 손끝에 '확신'이라는 무기를 장착해야겠다. 이 글에 마침표를 찍고 해치웠다는 느낌이 들 수 있도록.

마르그리트 뒤라스는『마르그리트 뒤라스의 글』에서 마치 살아있는 알몸과 같은 글쓰기를 하라고 말한다. 절망을 버티며 아니 절망을 품고 쓰라고 조언한다. 짐승들이 밤중에 내지르는 울음, 모든 사람과 나의 울음, 개들의 울음 같은 글을 쓰라고 강조한다. 이러한 글을 쓰면서 그녀는 새로운 자아를 찾았고 생물학적 나이를 뛰어넘는 경험을 했다고 한다. 나도 '절망'과 '울음'을 품은 채 글을 쓰며 진정한 나를 찾아서 나이를 잊은 채 살고 싶다.

정여울 작가는『까르륵 까르륵』이라는 월간 정여울 3월호에서 페이스북이나 인스타그램을 하지 않는 이유를 나다움을 지키기 위해서라고 말한다. 조금 느리고, 많이 뒤처지더라도 자신만의 느리고 소중한 글쓰기를 하고 싶단다. 인기가 아니라 진심 어린 공감과 글쓰기 자체를 사랑하기 때문이다. 그녀는 문학과 심리학의 하모니를 통해 자신의 상처를 치유한 만큼 스펙트럼이 넓고 깊이 있는 글을 쓴다. 그녀의 글은 단순한 위로에서 그치지 않고 자신의 트라우마와 마주할 수 있는 힘과 용기를 준다. 나도 느리더라도 아날로그적 감성을 간직한 채 글쓰기를 해나가고 있는 중이다. 쓰는 행위 자체에서 희열을 느끼면서.

그럼에도 불구하고 아티스트를 향하여

이처럼 내 욕망을 정확히 알았고, 스승들로부터 욕망에 불을 지펴주는 무기까지 얻었다면 이제 남은 일은 노출이다. 아들러의 심리학에 바탕을 둔 『하루 50초 셀프 토크』에는 '욕망 이후에는 반드시 '타인을 위해 무엇인가 하고 싶다'는 타인에게 공헌할 수 있는 비전이 존재한다.'라는 말이 나온다. 그 비전은 바로 아티스트가 되는 것! 자신이 창조해 낸 작품으로 누군가에게 위로나 기쁨을 주고 싶은 것이다.

나는 다양한 분야의 책 읽기를 통해 내 마음의 상처를 치유해 왔다. 치유된 자리에서 피어난 글쓰기에 대한 욕망의 꽃은 사람들의 마음을 어루만지고 자기다움을 찾도록 도와주고 싶다는 꿈을 품었다. 그래서 노출을 감행했다. 바로 글이 작품이 되는 공간, 브런치에서. 무관심과 거부에 대한 면역력은 5개월간 글쓰기 카페에서 출간일기와 과제 글을 올리며 어느 정도 키웠다. 댓글의 유무와 개수에 일희일비하며 주변의 시선에 얼마나 휘둘렸던가. 그러나 나는 도전하기로 했다. 『이카루스 이야기』에서 세스 고딘은 아티스트란 자신의 노력이 아무런 반응도 얻지 못할 수 있다는 위험성을 잘 알고서도 과감하게 뛰어들 정도로 열정적인 사람이라고 정의했다. 나도 그런 사람이 되고 싶었다. 그래서 아티스트가 돼 보기로 했다.

예술을 하겠다고 큰 소리는 쳤지만 사실 내면에서 '끈기도 없는 네가 과연?', '전문가도 아니면서 도대체 무슨 책을?'이라는 자신감 없는 목소리가 들려왔다. 결국 이 소리를 잠재운 건 다음의 두 가지 사실이다. 즐거움을 느낀다는 것은 그 일이 자신에게 잘 맞는다는 증거라는 것, 나에게 딱 맞는 일을 찾아하게 되면 내 안의 초인을 느끼게 된다는 것이다. 마지막으로 책의 주제에 대한 고민은 오스틴 클레온이 『훔쳐라, 아티스트처럼』에서 한 말을 읽고 날려버렸다.

"명심하라. 자신이 감상하고 싶은 그림을 그리고, 자신이 운영하고 싶

은 비즈니스를 시작하고, 자신이 듣고 싶은 음악을 연주하고, 자신이
읽고 싶은 책을 쓰고, 자신이 사용하고 싶은 제품을 만들어라, 만들
어졌으면 하는 제품을 당신이 만드는 것이다."

　누구든 처음 창작을 시작하는 사람이라면 이 말을 새기는 것
이 좋겠다. 왜 자신이 필요로 하는 창작물을 다른 사람이 만들
때까지 기다리는가? 자신이 셀프맞춤형 아티스트가 되면 된
다. 나는 내가 읽고 싶은 책의 주제를 잡은 뒤 글을 한 편씩 완
성할 때마다 완벽하지 않아도 내 글을 사랑해 주었다. 안쓰러
워서 사랑했고, 정말 예뻐서 사랑했다. 내 작품이 왜 탄생하게
되었는지, 무엇을 말하려는지, 어떤 노력이 깃들어져 있는지
가장 잘 알고 있는 사람은 바로 나 자신이기에. 분명 온 마음
을 다해 만든 작품이라면 어느 누군가는 자신의 고독 속에 그
작품을 초대하지 않겠는가. 아티스트가 된다는 것은 작가의 고
독이 타인의 고독에게 말을 거는 일, 각자의 고독이 우연히 만
나 서로를 위로하는 공간을 제공하는 일이다. 나아가 또 다른
건강한 고독을 탄생시키는 일 즉 나의 나다움이 타인의 나다움
을 끄집어내 주는 일이다.

엄마는 정말 잘하고 있어요

나의 창조적 삶이 비단 타인에게만 영향을 미치겠는가. 나와 가장 가깝게 연결되어 있고 일상을 대부분 공유하고 있는 내 아이가 최고의 수혜자일 것이다. 아이는 엄마가 퇴근 후에 요리를 하고, 설거지를 하고, 빨랫감을 너는 등 집안일을 마친 뒤 앞치마를 두른 채 책을 읽는 모습을 매일 본다. 밤마다 모니터 화면 속 흰 종이 위에서 깜빡이는 커서를 뚫어지게 쳐다보는 엄마도 본다. 운이 좋으면 키보드 자판을 두드리는 소리도 듣는다. 그러다가 자정쯤에 "이제 그만 이 닦고 자라. 엄마는 좀 쓰다 잘 테니."라는 말을 매일 듣는다.

언젠가 내가 "엄마가 글 쓴다고 더 많이 신경 써주지 못해 미안해"라고 말하니 아이가 이렇게 답해서 나를 감동시켰다. "엄마는 아이들을 가르치고, 집에 와서 또 집안일하고 저도 챙겨주면서도 자기 꿈을 이루기 위해 쉬지 않고 글을 쓰잖아요. 엄마는 정말 잘하고 있어요. 대단해요. 저도 제 공부 열심히 하며 살게요." 아이는 스스로 공부 목표와 학습 계획을 세우며 자기 주도적으로 학습을 한다. 잔소리를 하지 않아도 내가 몰입하는 그 시간에 아이도 자기만의 몰입을 경험하는 것이다.

이처럼 엄마의 나다움을 찾는 여정은 단순히 나 개인의 성장만으로 끝나지 않는다. 내 아이에게 능동적인 삶의 태도를 보여주게 된다. 독서 습관, 끊임없는 노력, 도전 정신, 시간 활용법 등. 내 아이에게 최고까지는 아니어도 인생의 롤 모델이자 멘토가 될 수 있는 기회인 것이다.

사실 워킹맘으로서 창작 활동을 병행하는 일은 쉽지만은 않다. 늦은 밤 컴퓨터 앞에 앉아 남은 에너지를 마지막 한 방울까지 쥐어짜야 하기 때문이다. 언제나 길은 있다. 이때 나를 도와줄 내 안에 있는 '또 다른 나'를 소환하면 된다. 우리가 깨워주길 간절히 기다리고 있는 아이, 낙천성과 용기로 똘똘 뭉쳐있는 아이, 바로 융이 말한 퓨엘라(소녀)이다. 나는 최근에 〈아녜스가 말하는 바르다〉라는 다큐멘터리를 인상 깊게 보고 그녀에 대해 찾아보게 되었다. 프랑스 최고의 여성 감독인 '아녜스 바르다'는 한 인터뷰에서 아이를 키우면서 영화를 만드는 삶에 대해 다음과 같이 말했다.

> "제게는 한 가지 해결책밖에 없고, 그건 바로 '슈퍼우먼'이 되어 한번에 몇 가지 삶을 동시에 사는 거예요. 제 인생에서 가장 어려운 게 그거죠. 한 번에 몇 개의 삶을 살면서 포기하지도, 그중 어느 것도 버리지 않는 거요."

포기하지도 버리지도 말자. 우리 안에 있는 퓨엘라가 슈퍼우

먼이 되도록 도와줄 테니. 인생길은 쭉 뻗은 직선이 아니라 지 그재그 미로와 같다고 했다. 지금까지는 자아(ego)가 힘들게 헤쳐 왔다면 나머지 중반은 자기(self)와 함께 미로를 헤쳐 나 가자. 아녜스 바르다 감독의 표현대로 '누구도 만질 수도 없고 누구도 파괴할 수 없는' 내 안의 무언가를 믿고 나다움을 찾아 나서자.

 아직은 나를 나답게 해주는 동굴이 허름하고 볼품없다는 것 을 안다. 하지만 나는 그 동굴이 내가 내 인생의 주인공이 된 것 같은 확신을 주기에 끝까지 가보려고 한다. 나도 아니 에르 노처럼 나 자신을 제물로 바쳐 독자의 뿌리 깊은 상처를 어루 만져주는 글쟁이가 되고 싶다. 자, 이제 나는 이쯤에서 마침표 를 찍고 또 다른 아이디어와 욕망과 감정들을 주우러 가야겠 다. 잘 준비해야 흰 종이 위에 용감하게 돌진할 수 있을 테니 까.

4단계 방법으로 시랑 친해져 보는 건 어때요

———

형편없는 시를 읽는 것은 극도로 수명이 짧은 즐거움이니, 금세 물리고 만다.
그러면 굳이 읽으라는 법 있나? 누구나 스스로 형편없는 시를 지어보면
안 될까? 그렇게 해보라. 그러면 곧 알게 되리라. 최고로 아름다운 시를
읽는 것보다 형편없는 시를 짓는 것이 훨씬 더 행복하다는 사실을 말이다.
- 헤르만 헤세의 『독서의 기술』中에서 -

당신만이 지니고 있는 그 생각을 표현하지 않는다면, 그리고
존재의 소리에 귀 기울이지 않는다면 그것은 곧 자신을 배신하
는 것이라고 누군가가 말한다면, 당신은 자신을 배신하지 않기
위해 무엇을 하겠는가? 자신의 내면에서 어쩔 수 없이 새어 나
오고 마는 소리를 어느 곳에 담아두겠냐고 묻는 거다. 사실 바
쁜 일상에서 불현듯 찾아왔다가 예고 없이 가버리는 생각을 잡
아놓는다는 게 쉽지만은 않다. 하던 일을 멈추고 노트에 잽싸
게 적어놓아야 하니 굳이 불필요한 수고를 하고 싶지 않을 것
이다.

만약에 그때 든 생각이 슬픔이나 연민, 분노, 증오, 수치심과
같은 고통의 얼굴을 하고 있다면 이야기가 달라진다. 작은 글

쓰기 노동은 더 이상 선택의 문제가 아닌 필수인 것이다. 이는 나를 들여다봐야 한다는 신호이자 내 안에 미해결 된 감정들이 아우성을 치고 있다는 증거이기에. 그것들에 잉크를 먹여 글말로 노트에 풀어놓던지 리듬을 입혀 입말로 토해내던지 둘 중 하나는 해야 한다. 괜히 애꿎은 타인에게 쏟아내고 후회하기 전에.

그런데 막상 노트를 펼치면 난감하다. 갑자기 머릿속이 하얘진다. 거미줄을 뽑아내듯이 쭉 뽑아 쓰려했건만 생각의 실타래는 온데간데없다. 쓰는 사람으로 살지 않은 지 너무 오래된 것이다. 무엇이 우리 안에 있던 거미 본능을 되살릴 수 있을까. 일단 남이 지어놓은 글 집을 유심히 들여다봐야 한다. 이 집 저 집 구경하고서 마음이 끌리는 집에서는 오래 머물러 보자. 재료가 뭔지, 어떻게 쌓아 올렸는지, 마무리는 어떻게 지었는지 보고 또 보는 거다.

지금은 '숏폼 콘텐츠'(1~10분 이내의 짧은 영상으로, 언제 어디서나 모바일 기기를 이용해서 콘텐츠를 즐기는 대중들의 소비 형태를 반영한 트렌드) 시대다. 지난 10년 사이 사람의 평균 집중 시간이 8초로 짧아진 데서 기인한 것이다. 어쩌면 금붕어보다 못한 집중력을 지닌 지금이 그 집을 구경할 절호의 시간이지 않나 싶다. 그 집은 바로 숏폼(Short-form)의 전형, 시집이다.

인공지능 시대에 과학기술과는 전혀 무관하고, 바이러스 시대에 면역력에도 쓸모없는 시가 대체 웬 말인가 할 것이다. 프랑스 시인 프랑시스 퐁쥬는 '세상은 시를 통해 말문이 막힌 인간 영혼을 침범한다.'라고 말했다. 현재 어쩔 수 없이 로봇과 바이러스와 함께 공생하며 살아가야 하는 우리에게 이 시대는 말문뿐만 아니라 얼마나 기가 막히고 코가 막히는 상황인가. 이때 시가 우리의 영혼 속으로 스며들어 답답한 마음을 뚫고 말문을 열어 주리라.

미국 최고의 베스트셀러 시인인 메리 올리버는 『휘파람 부는 바람』에서 우주가 우리에게 준 두 가지 선물은 "사랑하는 능력과 질문하는 능력"이라고 말했다. 이 능력이 발휘되어 나온 것이 시다. 인류애가 응축된 시는 인간을 가장 인간답게 해 준다. 어디 그뿐인가. 끊임없는 호기심이 깃들어 있는 시는 인간을 늙지 않게 해 준다. 멕시코 시인 옥타비오 파스에 따르면, 시들은 그 나라 국민의 영적 건강을 책임진다 했다. 그렇다면 시가 신체의 면역력에도 긍정적인 영향을 미치지 않겠는가. 어쨌든 시는 분명 쓸모 있다.

시에 대한 고정관념을 깨기 위해 다른 시인들의 말들을 더 들어보도록 하자. 류시화 시인은 『시로 납치하다』를 출간하기 전에 SNS에 이 시집에 실린 시들을 아침마다 올렸다고 한다. 처음에는 누가 읽기나 하겠나 하고 의문이 들었지만 수많은 사람들이 접속해서 시를 읽고 감상평을 달았다고 한다. 이를 보고 그가 느낀 것은 '시를 통해 인생과 세상을 이해하려는 방식은 아직 유효하다'는 것이었다. 미국의 시인 에머슨이 한 말을 빌려 이 상황을 더 정확하게 말하자면 다음과 같다. '사람들은 시를 읽어보지도 않고 스스로 시를 싫어한다고 생각한다. 그러나 인간이면 그 누구도 다 시인이다.' 본능적으로 인간은 누구나 좋은 시에 공명하고 자신의 영혼에 전해진 울림과 떨림을 손가락 끝으로 전달하고 싶다. 즉 자신도 그 순간 시인이 되는 것이다.

1단계. 검증된 시 뷔페에서 다양한 시를 맛보기

이제 슬슬 시를 읽고 싶다는 발동이 걸렸는가. 우선 시의 세계로 들어온 걸 환영한다. 그런데 어떤 시부터 맛봐야 할지 막막하지 않은가. 잘못 먹고 탈 나서 다시는 뒤도 돌아보지 않을 수 있다. 맛집으로 소문난 식당에서 먹는 요리는 적어도 평타는 친다. 같은 맥락으로 이미 검증된 시들을 모아놓은 시모음집은 대부분 잘 읽힌다. 단지 취향의 차이만 있을 뿐.

특히 에세이 형식의 시모음집은 차려놓은 요리도 풍성하거니와 시 뷔페 주인장의 맛깔스러운 해설이 더해져 풍미가 일품이다. 어떤 시는 매워서가 아니라 그때의 마음을 너무 잘 위로해 줘서 눈물이 쏟아진다. 그러고 나면 매운 낙지찜을 먹은 것처럼 개운하고 힘이 난다. 그런 시들을 많이 담아놓은 시모음집이 내게는 만화가 박광수 씨가 펴낸 『문득 사람이 그리운 날엔 시를 읽는다』이다. 그가 바라던 대로 삶에 지치고 사람의 온기가 필요할 때 읽으면 참 좋은 시들이다. 시와 절묘하게 어울리는 그의 그림들은 사이드 디시로서 시의 품격을 더 높여 준다. 나는 울다가도 그의 사랑스러운 그림 앞에서 작은 미소가 지어졌다.

주객이 전도된 시모음집도 있다. 바로 내가 너무도 존경하는 장영희 교수님의 『생일』과 『축복』이다. 모 일간지에 『장영희의 영미시 산책』이라는 제목으로 연재되었던 칼럼을 모아놓은 시에세이집이다. 영미권 시인들의 시에 대해 거의 문외한일 때, 이 책 속 시들을 읽고 처음에는 오글거리는 느낌이 들었다. 왠지 셰익스피어의 연극에서 나올법한 대사 같다고나 할까. 로미오가 창가에서 줄리엣에게 들려주는 세레나데 같기도 하고. 하여간 왼쪽에 배치된 영시와 오른쪽에 교수님이 번역해 놓은 시를 대조하면서 읽는 재미가 쏠쏠했다.

솔직히 시보다 감상평과 같은 에세이 글이 더 좋았다. 그 시에 대한 장영희 교수님의 해설이 너무 궁금해서 뒷장을 넘겨 시보다 먼저 읽어버리는 일이 다반사였다. 그분의 포근한 음성을 듣고 나서 앞으로 돌아와 시를 마주하면 태평양 너머에서 온 그 시들이 훨씬 가깝게 느껴졌다. 더불어 김점선 화가의 동심이 살아있는 말과 새, 태양과 나비, 꽃과 집 등의 그림까지 보고 나면 금세 마음이 순해졌다. 그러면 에밀리 디킨스의 시를 눈을 동그랗게 뜨고 아이처럼 낭송하게 된다. '난 무명인입니다. 당신은요? 당신도 무명인이신가요? 그럼 우리 둘이 똑같네요!'라면서.

또 다른 영미시 에세이집으로 조이스 박의 『내가 사랑한 시옷들』도 시 못지않게 엮은이의 해설이 더 매력적으로 다가온다. 시를 먼저 읽은 뒤 인문학적 깊이가 더해진 해설을 읽고 나면 한 번 더 시를 읽게 된다. 고은 시인의 〈그 꽃〉의 시 구절처럼 혹시나 '올라갈 때 못 본 그 꽃'을 보게 될까 봐서. 나는 이 책에서 〈한 가지 기술〉이라는 시에 꽂혔다. 재앙처럼 보일 수 있는 상실을 이렇게 담담하게 쓰려면 도대체 어떤 체험을 했던 걸까. 미국의 엘리자베스 비숍이라는 시인에 대해 궁금해졌다. 다행히 실화를 바탕으로 한 〈엘리자베스 비숍의 연인〉이라는 영화가 있어서 그녀의 사랑과 삶과 시에 대한 열정을 단편적으로나마 엿볼 수 있었다. 이 영화를 본 뒤 시를 다시 읽으니 그제야 이해가 갔다.

위대한 시인은 한 편의 짧은 시에 자신의 인생 전체를 담을 수 있구나! 경외심이 들었다. 김사인 시인은 『시를 어루만지다』에서 시를 제대로 읽으려면 일단 시 앞에서 겸허하고 공경스러워야 마땅하다고 말한다. 그래야 마음의 문이 열리고, 한 편의 시가 들려주는 이야기와 목소리와 빛깔과 냄새들이 나에게 와닿을 수 있기 때문이다. 그리고 보면 시를 읽는 행위는 명상과 닮아있다. 나를 낮추고 내 안의 오만함과 분별심을 내려놓고 온전히 지금 이 순간 그 시와 한 몸이 되는 거다. 시가 내 가난한 영혼을 구원해 주리라 믿으면서.

이제 어렴풋이 알겠다. 어쩌면 시를 읽는다는 것은 그 시인에 대해 호기심을 갖는 것, 그래서 그에 대해 찾아보고 알아가는 것, 결국 한 사람을 더 깊이 만나는 것이다. 그리고 미국을 대표하는 시인인 월트 휘트먼의 〈나의 노래〉 속 시 구절처럼 '나 스스로 그 상처받은 사람이 되는 것'이다.

마지막으로 안 가면 후회할 '시 뷔페'를 소개해 볼까 한다. 정채찬 교수의 『시를 잊은 그대에게』와 류시화 시인의 『시로 납치하다』이다. 『시를 잊은 그대에게』는 하나의 주제로 관통하는 시와 영화, 대중가요, 소설, 그림 등 다양한 예술 작품을 융합하여 시를 입체적으로 이해할 수 있게 돕는다. 다채롭고 무엇보다 흥미진진하다. 그의 현대시 강의를 들은 학생들이 왜 매 수업마다 눈물이 고일 정도로 감동했는지, 왜 한 편의 공연 예술을 보는 듯 느꼈는지 십분 이해할 수 있다.

책을 덮을 때쯤 나라면 어떤 시 수업을 할까 생각해 보았다. 그때쯤 아이유가 부른 김소월 시인의 〈개여울〉을 자주 듣고 있던 참이었다. "가도 아주 가지는 / 않노라시던 / 그러한 약속이 있었겠지요 // 날마다 개여울에 / 나와 앉아서 / 하염없이 무엇을 생각합니다 // 가도 아주 가지는 / 않노라심은 / 굳이 잊지 말라는 부탁인지요?"

한 사람이 개여울의 한 자리에 오래도록 앉아 그 무엇을 생각하고 있다. 쓸쓸함과 애절함과 서러움 등 하나로 규정지을 수 없는 감정에 휩싸인 표정으로. 그 상실감을 어찌 말로 설명할 수 있단 말인가. '무엇'이라고 밖에 표현할 수 없는 그 마음 앞에서 얼마나 슬프냐고 감히 물을 수나 있겠는가.

줄리언 반스는 『사랑은 그렇게 끝나지 않는다』에서 "둘이었다 하나 된 사람에게 상실이란, 빼앗긴 건 하나지만 그 보다 더 많은 것을 빼앗긴 것을 의미한다. 수학적으로는 말이 안 되지만 감정적으로는 말이 된다."라고 말했다. 함께 나눈 시간들, 다양한 표정의 웃음들, 눈빛, 움직임, 침묵들 그리고 함께한 공간들이 통째로 사라지는 거다. 그곳에 있던 나 자신마저도.

복효근 시인의 〈너는 내게 너무 깊이 들어왔다〉라는 시가 떠올랐다. "숨 쉴 때마다 네 숨결이 / 걸을 때마다 네 그림자가 드리운다 / 너를 보내고 / 폐사지 이끼 낀 돌계단에 주저앉아 / 더 이상 아무것도 아닌 내가 / 운다 / 아무것도 할 수 없는 내가 / 소리 내어 운다 / 떨쳐낼 수 없는 무엇을 / 애써 삼키며 흐느낀다 / 아무래도 너는 내게 너무 깊이 들어왔다"

그렇다. 이제는 아무것도 아닌 빈껍데기가 되어 버린 내가 말로 다 형언할 수 없는 무엇을 억지로 삼킨다. 텅 비어버린 마음을 그렇게 무엇인가를 삼켜서라도 채우는 것이다. 다시 엘리자베스 비숍의 〈한 가지 기술〉이라는 시를 가져오련다. 사랑하는 사람들을 모두 잃고 그들과 함께 했던 도시도 대륙도 모두 잃은 상실의 대모 격인 그녀가 이렇게 다독인다.

"잃어버리는 기술을 터득하는 건 어렵지 않아요 / 많은 것들이 잃어버리겠다는 의도로 가득 차 있는 듯하니 / 그것들을 잃는다 하여 재앙은 아니죠. // 매일 뭔가를 잃어버려 봐요. 열쇠를 잃어버리거나 / 시간을 허비해도 그 낭패감을 그냥 받아들여요. / 잃어버리는 기술을 터득하는 건 어렵지 않아요."

그러나 그토록 많은 상실을 경험했음에도 마지막 연에서 그녀는 지금의 연인마저 잃을까 두려워하는 마음을 반어적으로 내비친다. "심지어는 당신을 잃는 것도(그 장난스러운 목소리와 내가 사랑하는 몸짓) / 거짓말은 하지 않을게요. / 잃어버리는 기술을 터득하는 건 그리 어렵지 않아요. / 재앙처럼 보일 수 있을지는 (써 두세요!) 몰라도요." 아무리 많은 것을 잃어버렸고 잃어버리는 기술을 터득했다고 해도 여전히 상실의 가능성 앞에서는 그저 쿨한 '척'하는 수밖에. 무슨 기술이 또 있단 말인가.

문득 이 시의 마지막 마침표에서 심수봉의 〈비나리〉가 흘러나오는 듯했다. "하늘이여, 저 사람 언제 또 갈라놓을 거요 / 하늘이여, 간절한 이 소망 또 외면할 거요 /……/ 생각하면 허무한 꿈일지도 몰라 꿈일지도 몰라 / 하늘이여, 이 사람 다시 또 눈물이면 안 돼요 / 하늘이여, 저 사람 영원히 사랑하게 해

줘요" 새로운 사랑 앞에서 설렘보다 상실의 두려움이 더 앞서는 그녀의 슬픔이 고스란히 전해지지 않는가. 이번만은 마지막이기를. 이번만은 절대 이별하지 않기를 바라는 절절한 기도. 그녀는 애써 태연한 척하지 않았다. 차라리 적극적이었다. 신께 소원을 비는 방법을 택했으니까.

여기 상실 앞에서 하염없이 무엇을 생각하는 여인과 떨쳐낼 수 없는 무엇을 애써 삼키며 흐느끼는 여인이 있다. 분명 마음속으로 '아무래도 너는 내게 너무 깊이 들어왔다'라고 되뇌고 있을 것만 같다. 바로 영화 〈타오르는 여인의 초상〉 속 마리안느와 엘로이즈이다. 어쩔 수 없는 이별 이후 여성 화가로서 어렵게 자신의 꿈을 펼쳐가고 있는 마리안느는 한 공연장에서 엘로이즈를 발견한다. 그녀는 원치 않은 결혼의 세계를 택해 귀부인으로 살아가고 있다.

이때 카메라는 엘로이즈에게 클로즈업되고 연인과의 이별 후에 느꼈을 여러 가지 감정을 보여준다. 슬픔, 원망, 분노 그리고 체념과 같은. 마지막에 그녀는 살짝 웃는다. 기쁨의 미소다. 자신의 소원이 이뤄졌다고 생각하지 않았을까. "하늘이여, 저 사람 한 번만 보게 해 줘요. 하늘이여, 간절한 이 소망 또 외면할 거요."라며 매일 밤 신 앞에 무릎 꿇고 기도하지 않았을까. 비발디의 〈사계〉 중 〈여름〉 3악장이 빠르고 격렬하게 흐른다. 아마도 그 격정적인 선율에는 가도 아주 가지는 않겠다는 뜨거운 약속과 재앙처럼 보일 수는 있으니 다 잃어버려도 나만은 굳이 잊지 말라는 절절한 부탁이 내포되어 있지 않았을까.

잃어버리는 기술을 터득하는 건 어렵지 않다. 역설적으로 잃어버리지 않으면 된다. 인간은 망각의 동물이라는 사실에 기대자. 상실의 슬픔을 뇌에서 자가 격리시키는 건 어떨까. 시간이 지남에 따라 서서히 그 불씨가 사그라들도록 기다리자. 그래도 이따금 그 녀석이 울컥 올라오면 실컷 울어 버려라. 아무도 없는 곳에서. 내 마음과 같은 노래를 틀어놓고. 청승맞다고? 우리끼리는 '애도 파티'라고 부르자. 좀 있어 보이게!

이렇게 영화를 끝으로 상실을 주제로 한 나의 어설픈 시 수업의 시나리오는 끝이 난다. 시모음집을 읽는 매력이 바로 이거다. 좌판에 깔린 예쁜 수공예 귀걸이들 중에서도 유독 자신을 데려가 달라고 손짓하는 아이들이 있지 않은가. 그 작품을 만든 작가마저 마음에 들면 그가 만든 다른 작품들도 괜스레 구경하게 된다. 분위기가 비슷한 액세서리가 있으면 그 작가에게 말까지 붙여본다. "작품들이 다 예뻐요. 이것도 선생님이 만드신 거예요?"

왜일까? 그 사람이 알고 싶은 거다. 하물며 작은 액세서리 하나를 만나도 이럴진대 내 마음을 두드리는 시는 오죽하겠는가. 그 시인의 모든 것을 알고 싶어진다. 나아가 또 다른 영역의 예술 작품으로까지 관심이 확대된다. 연상 작용이 일어난 거다. 내가 사랑한 시가 내 손을 잡고 나를 다양한 문화공간으로 이끄는 것이다.

이제 류시화 시인의 『시로 납치하다』라는 레스토랑으로 옮겨보자. 그가 엮은 시 모음집은 진리다. 시인이 전 세계의 좋은 시를 찾아내어 번역해 놓은 노고에 감사할 따름이다. 이 책에서는 자신의 내면의 소리를 섬세하게 받아내어 아름답게 시를 지어내는 오십육 명의 시인을 만날 수 있다. 시 맛이 참 정갈하다. 천천히 음미하면서 소리 내어 읽다 보면 영혼까지 씻기는 느낌이 든다. 더구나 이 레스토랑의 총지배인 격인 류시화 시인이 들려주는 품격 있는 해설로 시는 더 풍미가 있어지고 육질은 연해진다. 그래서인지 류 시인에 의해 숙성된 시들은 우리의 몸속 깊이 스며든다. 만약 시모음집 미슐랭 가이드가 있다면 별 3개쯤은 거뜬히 받지 않았을까.

또 한 편의 시가 내 몸속으로 깊이 파고들었다. 기어이 눈물까지 뽑아냈다. "일요일에도 아버지는 일찍 일어나 / 검푸른 추위 속에서 옷을 입고 / 한 주 내내 모진 날씨에 일하느라 쑤시고 / 갈라진 손으로 불을 지폈다. / 아무도 고맙다고 말하지 않는데도 /……// 내가 무엇을 알았던가, 내가 무엇을 알았던가 / 사랑의 엄숙하고 외로운 직무에 대해" 로버트 헤이든의 〈그 겨울의 일요일들〉이다. '아버지'는 여전히 나에게 풀어야 할 숙제이고 상처다. 아직은 앎이 삶으로 연결되지 못했다. 머리에서 가슴까지 가는 길은 진정 멀지만 그래도 끝이 보이니 다행이지 않은가.

『불구의 삶, 사랑의 말』에서 양효실 교수님은 성장은 나를 죽일 것처럼 가로막고 누르던 상처를 덧나게 하는 미적 반복의 행위를 통해 일어나고 있을 것이라고 말했다. 그렇게 본다면 시를 읽는 행위는 내면의 상처를 들춰내고 그 상처를 할퀴기도 하는 미적 반복 행위이라고 볼 수 있다. 거기서 발생한 고통은 통찰이라는 꽃을 피우고, 찰나의 순간에 또 한 걸음 내딛을 수 있게 된다. 한 단계 성장하는 것이다.

이처럼 시 모음집 한 권에서 마음에 와닿는 한 편의 시라도 혹은 한 명의 시인이라도 발견한다면 기뻐해라. 그건 행운이다. 한 편의 시로 인해 뇌에서는 연상 작용이 일어나고 뇌는 춤을 춘다. 덩달아 우리도 춤을 춘다. 밥도 안 되고 돈은 더더욱 안 되는 그 쓸모없는 일이 우리를 웃게 하고 눈물 콧물을 쏙 빼게 한다. 카타르시스의 향연이다. 이 맛에 시를 읽는 게 아니겠는가.

2단계. 시를 좀 더 재미있게 만나기

여전히 시에 납치당하고 싶지 않은가. 아직도 시는 지루하고 교과서에서나 배우는 전유물이라고 생각한다면 비슷한 샛길로 빠져보길 권한다. 그리스 신화에 나오는 음유시인 오르페우스가 환생한 것 같은 싱어송라이터들의 노래를 들어보라. 그들의 노래를 듣고 있으면 경이롭기까지 하다. 분명 시인인데 시에 음을 입히고 노래를 부른다. 심지어 악기까지 잘 다룬다. 누가 그들을 천재라고 부르지 않을 수 있겠는가. 덕분에 우리는 아름다운 시를 기막힌 선율과 함께 들을 수 있는 축복까지 누리게 되었다.

시작은 나훈아였다. "잊으라 했는데 잊어 달라 했는데 / 그런데도 아직 난 너를 잊지 못하네 /……// 영원히 영원히 내가 사는 날까지 / 아니 내가 죽어도 영영 못 잊을 거야", "생각이

난다 홍시가 열리면 울 엄마가 생각이 난다 / 자장가 대신 젖
가슴을 내주던 울 엄마가 생각이 난다 /……// 생각이 난다 홍
시가 열리면 울 엄마가 생각이 난다 / 회초리 치고 돌아 앉아
우시던 울 엄마가 생각이 난다"〈영영〉과 〈홍시〉의 가사 일부
다. 굳이 그의 목소리를 빌리지 않더라도 가사 자체로 충분하
지 않은가. 그냥 시다. 아주 훌륭한 시.

〈영영〉은 김소월의 〈진달래꽃〉과 비견될 만큼 아름답다. 〈홍
시〉를 보면 감탄이 절로 나온다. 아! 저 반복적이고 규칙적인
운율을 어쩌란 말인가. 심순덕 시인의 〈엄마는 그래도 되는 줄
알았습니다〉가 떠올랐다. 또 눈물이 났다. 나의 엄마와 엄마가
된 나를 여자 사람으로서 동시에 위로해 주는 시다. 몇 년 안
에 표를 구하기 어렵기로 유명한 나훈아 디너쇼에 꼭 부모님을
모시고 가서 함께 이 미친 예술가를 영접하고 싶다.

김창완은 언제 봐도 감성 충만한 어린 왕자 같다. 그래서인
지 늙지도 않는다. "너의 그 한마디 말도 그 웃음도 / 나에게
커다란 의미 /……// 너의 모든 것은 내게로 와 / 풀리지 않은
수수께끼가 되네", "안녕 귀여운 내 친구야 / 멀리 뱃고동이 울
리면 / 네가 울어주렴 아무도 모르게 / 모두가 잠든 밤에 혼
자서"〈너의 의미〉와 〈안녕〉의 가사 일부다. 감수성이 충만한

아이가 느껴지지 않는가. 사랑 없는 삶이 무의미하다는 걸 알고 너무 일찍 철이 들어버린 『나의 라임 오렌지 나무』 속 제제처럼. 최근에 그는 『무지개가 뀐 방이봉방방』이라는 동시집도 냈다. 세상에나, 그 기발하고 영민한 상상력과 표현력을 어쩔 건가. "너 용서가 뭔지 아니? / 용서가 한 번 봐주는 거 아니에요?"〈용서〉라는 동시의 마지막 시 구절이다. 무릎을 쳤다. 캬!.

이적은 엄청난 다독가답게 구사하는 어휘가 섬세하고 다채롭다. "우리가 함께 했던 시간은 이제 숫자로만 남은 것 같아". "철석같이 믿었었는데 거짓말 거짓말 거짓말", "나에겐 마르지 않는 눈물을 남겼네", "오랜 뒤에도 이렇게 간절할 거라곤 / 그때 둘 중 누구도 정녕 알지 못했죠", "아직 내겐 너라는 선물이 있으니까 / 아직 이 황량한 세상 속에", "오싹한 낭떠러지도 / 뜨거운 불구덩이도 상관없어요/……// 우리가 우리가 되어간다면 그럼 충분해요", "그대라는 오랜 매듭이 / 가슴속 깊이 남아서" "어느 곳에 있을까 / 그 어디로 향하는 걸까", "그게 참 맘처럼 쉽지가 않아서 / 그게 참 말처럼 되지가 않아서" 다 열거하면 한 페이지를 가득 채울 것 같아서 이쯤에서 멈춰야겠다.

발췌한 가사들이 어떠한가. 은유가 살아있지 않은가. 어쩌면 저리도 참신한 어휘가 딱 제 자리에서 빛을 내고 있는지. 독일의 한 철학자는 "서정시란 자연적인 감정을 리듬과 멜로디 같은 예술적 손질을 통해 숭고하게 만드는 것"이라고 정의했다. 그 철학자의 말대로라면 그의 노래는 서정시고, 그는 사랑과 희망을 노래하는 서정시인이다. 관계에서 발생하는 자연스러운 감정을 아름다운 시구절로 숭고하게 다듬어 놓았으니까. 만약에 그를 만난다면 꼭 이야기해주고 싶다. 지친 하루살이와 고된 살아남기가 행여 무의미한 일이 아니라는 게 그대라는 놀라운 사람 때문이라는 걸.

아! 에픽하이의 타블로, 그는 영원해야 한다. 그는 그림책 속에서 갓 튀어나온 시인이다. 바로 레오 리오니의 『프레드릭』이라는 그림책 속 주인공 프레드릭처럼. 이 위대한 시인은 어디에서든 겨울을 위해 햇살과 색깔과 이야기를 모으고 있을 것만 같지 않은가. 그의 노트는 박물관에 전시되어야 한다. 그의 노랫말들이 도대체 어디에서 창작의 영감을 얻어 탄생했는지 보고 싶은 이들이 많을 테니. 나는 그를 통해 힙합에 대한 편견을 깼다. 그전까지만 해도 힙합은 욕설이나 비속어가 난무하는 듣기 거북한 길거리 문화라고만 생각했다. 이제는 안다. 힙합이 시적이고 철학적일 수 있다는 것을. 한 편의 서사시가 될 수 있다는 것을.

자, 여기 Beat 위에 Rhyme의 설계사가 나가신다. 이제 겸허
하고 공경하는 마음으로 그의 노랫말을 영접해 보자. 비가 오
면 〈우산〉은 무조건 들어보길 권한다. "텅 빈 방엔 시계 소리 /
지붕과 입 맞추는 비의 소리 / 오랜만에 입은 coat 주머니 속
반지 / 손 틈새 스며드는 memory" '이'로 끝나는 라임이 꼭 빗
물처럼 느껴지지 않는가.

이번에는 〈고마운 숨〉을 들어보자. "나를 숨 쉬게 하는 건 잔
잔한 비, 친구와의 달콤한 시간낭비, 붉은 꽃, 푸른 꽃, 새벽의
구름 꽃, 사랑이란 정원에 흐드러지는 웃음꽃. Bloom. 내 맘
의 휴식. 제주도의 바람. 서울 밤의 불빛. 거릴 걷다 보면 들려
오는 에픽하이의 music. 내 아내와 아이의 눈빛" 자신이 바보
처럼 느껴질 때 들으면 좋다. 일상의 작은 것들로부터 힘을 얻
을 수 있을 테니까. 이 노랫말에서 헨리 데이비드 소로우가 비
쳤다면 과한 찬양일까.

자신이 하는 일에 대해 의구심이 들고 나 자신에 대한 확신
이 들지 않을 때는 〈연필 깎기〉와 〈낙화〉를 들어보자. "시작을
잊지 마 / 이 길이 쉽지 않은 걸 그댄 알고 있었잖아, 땀을 씻

지 마 / 그대의 밤이 틈을 잃어버린 삶이 / 사람들의 태양이 된다는 사실을 절대 잊지 마", "가질 수 없는 꿈이지만 I have a dream / 비틀거리는 꿈이지만 I have a dream / 버림받은 꿈이지만 I have a dream / live and die for this dream" 나는 이 노래를 들으며 글을 쓰는 사람이 되고 싶다는 나의 꿈을 계속 상기시킬 수 있었다.

〈빈차〉는 삶의 무게에 눌려 지친 마음을 가만히 위로해 주고 우리 내면의 욕망을 들여다보게 해 준다. "내가 해야 할 일 / 벌어야 할 돈 말고 뭐가 있었는데 / 내가 가야 할 일 / 나에게도 꿈같은 게 뭐가 있었는데."

아버지와 관련된 그 어떤 시보다 더 아름다운 노래 〈당신의 조각들〉도 꼭 들어보길 바란다. "당신의 눈동자, 내 생의 첫 거울 / 그 속에 맑았던 내 모습 다시 닮아주고파 / 당신의 두 손, 내 생의 첫 저울 / 세상이 준 거짓과 진실의 무게를 재 주곤 했던 내 삶의 지구본" 아버지와 관련된 노랫말은 항상 눈물을 동반한다. 하지만 눈물은 그에게 가는 지름길이 되어 준다.

여기까지만 해도 그의 매력에 빠져들지 않았는가? 이제 끝장을 보자. 힙합과 트로트의 융합! 그 어려운 걸 타블로가 해냈다. 요즘 대한민국은 트로트 신드롬에 빠져있다. 그런데 그는 10년 전에 이미 트롯의 대세를 예언했다. 보라. 이 놀라운 lyrics를. 알만한 트로트 노래 제목들을 퍼즐처럼 절묘하게 끼워 맞춰놓았다.

"아무리 각 잡아 봐도 똑바로 봐도 / 술 취하면 똑같아 뱃속에 파도 / 일렁일 때마다 되려 술잔을 찾고 / 팔다리는 나풀대 마이크를 잡고 / 딴따라 딴딴따 트로트 가락에 / 맞춰서 움직여 네 박자 / 땡삘 같은 하루에 유일한 동반자 / 술 깨면 떠나 사랑은 나비인가 봐 /……// 힙합 댄스 락 발라드도 좋지만 슬플 땐 what? / 힙합 댄스 락 발라드도 좋지만 슬플 땐 트로트!"

한 번 따라 해보고 싶지 않은가. 귀에 쏙쏙 들어오는 이 힙합 트롯을. 톨스토이는 위대한 예술은 누구나 접근하기 쉽고 이해하기 용이하다고 했다. 그런 점에서 타블로의 힙합은 분명 위대한 예술이다. 오래전 라디오 모 프로그램에서 타블로가 게스트로 출연하여 영어를 가르쳐주는 시간이 있었다. 그때 한 학생이 '배고프다'를 "I'm hungry"가 아닌 다른 예쁜 표현으로 만들어 달라고 부탁했다. 그가 뭐라고 답했을 것 같은가. 참고로 그는 시인이다. 바로 "My stomach is crying"이었다. 별게 아닌데 시적이지 않은가. 우리도 따라 해 보자. 의인법이 뭐별 건가. 뭐든 좀 짠하게 보면 되지.

　마지막으로 그가 19살 때 쓴 'One lesson'도 꼭 들어보길 바란다. 내용은 우리 사회의 부조리한 여러 모순에 던진 철학적 질문들이다. "Genius is not the answer to all questions. It's the question to all answers." 이 문장이 내내 머릿속에 맴돈다. '천재성(특별한 재능)은 모든 질문에 대한 답이 아니다. 모든 답에 대한 질문이다.' 정도로 해석될 수 있을까. 우리도 주변에서 일어나는 모든 현상들에서 당연함을 걷어내고 호기심을 입은 질문을 던져보자. 혹시 누가 아는가. 나만의 라임으로 랩을 하는 특별한 재능을 가질지. 아니 우선 하상욱 시인 따라쟁이라도 될 수 있을지.

　아무튼 나는 소망한다. 언젠가 타블로가 칠레의 민중 시인 파블로 네루다의 『질문의 책』을 능가하는 시집을 내기를. 더 기발하고 촌철살인적인 질문들로 가득한. 현재 마음이 괴로운가? 아니면 외롭거나 쓸쓸한가? 그것도 아니면 삶이 평범하게 느껴지는가? 그렇다면 타블로의 머리가 아닌 몸에서 꺼낸 말들을 읽고 들어보아라. 힙합 명상이 무엇인지 제대로 느낄 수 있을 테니.

가끔은 젊은 싱어송라이터들의 노래도 들어보라. 이 젊은 음유시인들의 노랫말은 아름답고 처연하기까지 하다. 중년의 나에게도 공명을 일으킨다. 혁오밴드의 〈톰보이〉나 〈위잉위잉〉, 〈Hey Sun〉을 듣다 보니 조금은 보인다. 어지러운 사회 속에서 그들이 느끼는 불안과 불만, 희미한 희망까지. "젊은 우리, 나이테는 잘 보이지 않고 / 찬란한 빛에 눈이 멀어 꺼져만 가는.", "집에서 뒹굴뒹굴 할 일 없어 빈둥대는 / 내 모습 너무 초라해서 정말 죄송하죠" 나는 이렇게 말하는 그들의 속이 오죽할까 해서 마음이 아팠다. 흔들리지만 견고한 문장이 20대의 불안한 나를 소환했다.

나 역시 잘 다니던 좋은 직장을 그만두고 공무원 시험 준비를 하겠다며 백수가 된 적이 있었다. 집에서 쉬어도 쉬는 게 아니고 공부하러 도서관에 가도 죄송하게만 느껴지던 날들이었다. 하지만 〈Hey Sun〉에 나온 노랫말 "the end is here another beginning of the end"처럼 끝은 여기서 끝의 또 다른 시작이라 생각했다. 그래서 다시 일어나 새로운 문을 두드렸다. 금수저가 없어도 지금까지 잘 살아냈다. 나는 이 시대의 젊은이들이 부끄러움이든 분노든 거기에서 동력을 얻어 도전하길 바란다. 아니 그럴 거라 믿는다. 그러니 너무 오래 비틀거리지 않기를. 너무 허무주의로 빠지지 않기를 바란다. 끝날 때까지 끝난 게 아니니까.

끝으로 딘의 〈인스타그램〉은 싸이월드를 하던 시절의 다크서클 가득한 나를 불러냈다. 당신은 예전에 싸이월드를 열심히 했던 부류인가? 나는 하마터면 열심히 할 뻔했다가 발을 뺐었다. 어느 가을, 밤새도록 내 아이의 사진을 올리고 친구, 친구의 친구, 친구의 친구의 친구의 싸이월드를 구경하느라 날을 꼬박 새웠던 적이 있다. 그러고 나서 문득 든 생각이 내가 노출증 혹은 관음증 환자인가라는 거였다. 왜 나와 상관없는 타인의 삶을 몰래(?) 들여다보고 나서 마음이 헛헛하고 기분이 나빠지는지. 왜 피곤한 몸을 이끌고 기어이 이 새벽에 디지털 세상 속에 내 포장된 삶을 띄워놓는지. 내게 묻기 시작했다.

더 이상 비교로 인한 상대적 박탈감과 웃고 있는 사진 속 핑크빛 위선을 느끼고 싶지 않았다. 그렇게 마음의 평화를 위해 싸이월드를 떠났다. 그런데 10년이 지난 지금 나보다 거의 20년은 젊은 한 청년이 새로운 소셜 미디어인 인스타그램에서 비슷한 감정을 느끼는 게 아닌가. "잘난 사람 많고 많지 / 누군 어디를 놀러 갔다지 / 좋아요는 안 눌렀어 / 나만 이런 것 같아서 /……// 부질없이 / 올려놓은 사진 / 뒤에 가려진 내 마음을 / 아는 이 없네 / 난 또 헤매네 / 저 인스타그램 속에서" 그 마음속이 얼마나 복닥거릴지 알기에 대신 가사를 쓰다듬어주었다.

내가 자아와 내면아이를 데리고 사는 것만으로도 버거운데 '디지털 자아'까지 신경을 써야 하니 얼마나 심리적 부담이 클까. 『테크 심리학』을 보면 신화 속 나르시시는 오로지 자신의 모습에만 빠져들었지만 요즘 사람들은 밑 빠진 앱이라 불리는 소셜 미디어을 사용하면서 훨씬 사교적인 자아도취를 만들어냈다고 한다. 즉 현대인에게 자기자랑은 타인과 연결되어야 하는 필요에서 나온 공동의 약속이라는 것이다. 도대체 왜 우리가 억지로 사교성을 띤 꼬리를 흔들며 그 위험한 바다에서 부유해야 하는가. 독의 유무가 확인도 안 된 인정과 칭찬을 받아먹으면서.

우리 모두는 거대한 생명의 그물망에 속해있다고 한다. 원래부터 우리는 하나로 연결되어 있는 것이다. "내 맘에는 구멍이 있어 / 그건 뭘 로도 못 채우는 것, yeah / 난 지금 가라앉는 중인걸 / 네모난 바닷속에서" 마음속 구멍은 타인과의 연결로 채워지지 않는다. 우리는 그 누구보다 나 자신과 연결되어 있어야 한다. 그래야 건강한 자아도취에 빠져 마르쿠스 피스터의 그림책 속 무지개 물고기처럼 자신의 반짝이 비늘을 기쁘게 나

뉘줄 수 있다.

모처럼 젊은 음유시인들 덕분에 과거를 떠올려 보고 '그땐 그랬지'라고 추억할 수 있어서 좋았다. 톨스토이는 『예술이란 무엇인가』에서 예술이란 쾌락이 아니라, 사람과 사람을 결합시킴으로써 함께 동일한 감정을 결합시키고, 인생 및 개인을 온 인류의 행복으로 이끄는 데 없어서는 안 될 수단이라고 말했다. 그런 의미에서 시는 세대 간의 감정을 결합시키고 소소한 행복을 견인하는 작고 위대한 예술이라 하겠다.

그런데 뭔가 빠진 것 같지 않은가. 노랫말의 신이라 할 수 있는 '유재하', '김광석', '신해철', '심수봉'은 이미 왕좌에 앉아 계시므로 감히 언급하지 않았다. 그밖에 여기에 언급하지 못한 이소라의 〈바람이 분다〉, 〈루시드 폴의 〈오, 사랑〉, 〈평범한 사람〉, 〈바람, 어디에서 부는지〉 등 휘파람 같은 편안한 노래, 스텔라 장의 〈Villian〉, 요조의 〈우리는 선처럼 가만히 누워〉도 꼭 노랫말을 곱씹으면서 들어야 한다. 시인은 현재 이 자리에 없는 것을 언어로써 불러내는 자라고 했다. 이 주술사들이 내리는 말의 비를 흠뻑 맞아보자. 혹시 아는가. 우리도 운 좋게 그들의 마법에 걸려 작은 고래 한 마리라도 불러낼지.

자, 이제 마음에 드는 시인도 찾았고, 샛길에서 사이렌의 노랫소리에 홀렸으나 살아남았으니 본격적으로 제대로 된 시집 사냥에 나서자. 시집을 집에 들이는 일은 꽤나 신중해야 한다. 당신은 당신의 죄를 알 것이다. 그 옛날 라면 냄비 받침대로 사용해서 시인의 얼굴에 화상을 입힌 죄. 두툼한 책들 속에 끼워둬 짜부라지게 만들고 시인의 존재감을 지운 죄. 더 이상 그런 우는 범하지 말자. 이성복 시인의 표현을 빌리자면, 세상에서 버림받은 것들을 구제하는 게 문학이요, 모든 미친 것들에게, 미치지 않으면 안 될 사연 하나씩 찾아주는 게 시다. 그런 착한 일을 하는 시를 홀대하면 되겠는가.

우선 읽기 편한 시집부터 읽자. 그래야 한 동안 내 손에 머무르며 시인과 함께 호흡할 수 있을 테니. 아무리 유명한 시인의 시집이라도 알아듣기 어렵고, 공감되는 부분이 적다면 아직은 인연이 아니라고 생각하는 편이 낫다. 우리가 바쁜 일상 속에서 시의 세계로 떠나려고 하는 건 분명한 이유가 있지 않은가. 그렇다. 잠시나마 시에 기대어 위로받고 다시 일어설 용기를 얻고 싶기 때문이다. 시의 문장들을 곱씹어 말랑말랑한 풍선껌으로 만들어서 헐벗고 구멍 난 마음을 메꾸고 싶은 것이다.

하지만 시간이 지나면 풍선껌도 더러워지고 딱딱하게 굳어 떨어지고 만다. 다시 시집을 펼쳐 곱씹을만한 시를 찾아야 한다는 뜻이다. 그러려면 시집은 내 시야와 손길이 쉽게 닿는 곳에 있어야 한다. 사서 보자는 얘기다. 나는 현재는 독서를 위해 도서관과 알라딘 중고서적을 주로 이용하는 편이지만 시집만큼은 꼭 서점에서 직접 보고 구입한다. 아마도 함민복 시인의 〈긍정적인 밥〉 때문이리라. "시집 한 권에 삼천 원이면 / 든 공에 비해 헐하다 싶다가도 / 국밥이 한 그릇인데 / 내 시집이 국밥 한 그릇만큼 / 사람들 가슴을 따뜻하게 덥혀줄 수 있을까 / 생각하면 아직 멀기만 하네"

'든 공'이 얼마일지 감히 상상할 수 없다. 나조차도 흉내만 내 본 정도이니까. 황현산 선생님은 『밤이 선생이다』에서 시인이 시를 쓰는 작업을 이렇게 표현했다. "시인이 제 몸을 상해 가며 시를 쓴다는 것은, 인간의 감정을 새로운 깊이에서 통찰한다는 일이며, 사물에 대한 새로운 감수성을 개척한다는 것이며, 그것들을 표현할 수 있는 새로운 형식과 이미지를 만든다는 의미이다." 그들이 어떤 소명 의식을 가지고 시를 쓰는지 이제 알았는가. 시집의 무게는 눈에 보이는 것 이상인 것이다. 시인이 밤마다 제 몸을 상해가며 쓴 시는 밤마다 상한 마음을 붙들고 우는 이들에게 위로 한 그릇, 용기 한 사발이 된다. 그래서 나는 비싼 아메리카노 두 잔 값밖에 안 되는 만원을 기꺼이 지불한다.

그런데 책에도 시절 인연이라는 게 있는 것 같다. 그때 내 마음이 무엇을 끌어당기는가에 따라 집에 데리고 오는 시집의 종류가 다르다. 어른의 지혜와 통찰이 필요할 때는 잠언시집을, 지적 허영을 채우고 싶을 때는 노벨 문학상 시인의 시선집이나 그해 신춘문예 당선시집을, 복잡한 마음을 비워내고 싶을 때는 이해인 수녀님의 시산문집을, 비슷한 연배의 중년 아줌마와 시적인 생활 수다를 떨고 싶을 때는 성미정 시인의 시집을, 요즘 세대들의 삶과 기발한 사유가 궁금할 때는 젊은 시인들이 시집을, 그리고 맑은 영혼들의 빛나는 호기심이 그리울 때는 동시집을 데려왔다.

류시화의 잠언시집 『지금 알고 있는 걸 그때도 알았더라면』은 고전처럼 세월이 흐름에 따라 달리 읽힌다. 30대까지만 해도 대부분의 잠언시가 무거운 훈계 말씀처럼만 들렸다. 하지만 이제는 내가 경험에서 얻은 지혜와 성장의 순간이 거기에 녹아있다. 시의 문장들은 가볍게 춤을 추며 내 안으로 들어온다. 가령 루티야드 키플링의 시 〈만일〉에서 "그리고 만일 내가 도저히 용서할 수 없는 1분간을 / 거리를 두고 바라보는 60초로 대신할 수 있다면, / 그렇다면 세상은 너의 것이며 / 너는 비로소 / 한 사람의 어른이 되는 것이다."라는 문장은 이제야 회심의 미소를 지으며 읽을 수 있게 되었다. 완벽한 날들이 어디에 있을까. 한없이 허수아비나 겁쟁이 사자로 느껴질 때가 있지 않은가. 그럴 때 펼치면 지혜와 용기를 주는 마법 같은 시집이다.

한 번은 '우리 시대의 진정한 거장'이라는 수식어가 붙은 혹은 '유럽과 미국 양쪽에서 숭배 대상이 된 시인'이라는 사람이 쓴 시는 도대체 어떻게 생겼는지 궁금했다. 그래서 데리고 온 시집이 비스와바 쉼보르스카의 『끝과 시작』과 찰스 부코스키의 『망할 놈의 예술을 한답시고』이다. 제목에서 글들의 품성이 느껴지지 않은가. 그러나 이 대단한 사람들은 결코 잘난 체를 하지 않는다. 한 사람은 고상하게 글말로 풀어썼고, 한 사람은 걸쭉하게 입말로 풀어썼다는 차이일 뿐이다. 결국은 거짓 없이 진실 되게 현재를 살아내라고 이야기한다. 아직 한참 모자란 내게는 그만큼 들렸다.

어쨌든 〈선택의 가능성〉이라는 시를 보고 '지나치게 쉽게 믿는 것보다 영리한 선량함을 더 좋아하고, 신문의 제1면보다 그림 형제의 동화를 더 좋아하고, 품종이 우수한 개보다 길들지 않은 똥개를 더 좋아하는' 그녀의 매력에 빠질 수밖에 없었다. 송구스럽지만 잠깐이나마 같은 부류로 느껴졌다. '시를 안 쓰고 웃음거리가 되는 것보다 시를 써서 웃음거리가 되는 편을 택한' 그녀에게 감사하다. 덕분에 양파처럼 겉과 속이 일치하는 존재가 되고 싶다는 원대한 꿈을 꾸게 되었으니까.

아! 찰스 부코스키! 가식이라는 기름을 쫙 빼버린 니체 같으니라고. 지금이라도 그를 알게 돼서 얼마나 감사한지. 그의 시를 읽고 있으면 분노 뒤에 숨은 슬픔이 느껴져서 자꾸 눈물이 난다. 아마도 그의 아픈 유년시절을 알기에 더욱 울림이 큰 것 같다. 〈불씨〉라는 시에서 그가 뱉은 말은 위로와 용기를 넘어 성장에 '불씨'가 되었다. "많이도 필요 없어, 그냥 불씨만 살려 둬. / 불씨 하나가 / 숲 전체를 태울 수 있어. / 그냥 불씨 하나만. / 그걸 살려 둬. // 해낸 것 같다. / 다행히도. / 참 우라지게 복도 / 많지." 이 욕쟁이 철학자 시인의 거역할 수 없는 매력에 빠져보라. 세상을 향해 욕을 날리고 싶을 때 읽으면 가슴이 뻥 뚫린 듯 시원해질 것이다.

종교와 무관하게 이해인 수녀님의 시집은 필수품이다. 정화수이자 성수이고 청아하고 품격이 높은 국화차이다. 수녀님의 시들을 읽고 있노라면 어느새 나는 고요한 성당 안에 앉아 있다. 부글부글 끓던 화도 방울방울 거품이 되어 날아간다. 『그 사랑 놓치지 마라』 속 〈바다를 꺼내 끌어안으며〉를 읽다가는 나도 모르게 "네 그렇게 할게요."라는 말이 새어 나왔다. "밀물이 들어오며 하는 말 / 감당 못할 열정으로 / 삶을 끌어안아보십시오 / 썰물이 나가면서 하는 말 / 놓아버릴 욕심들을 / 미루지 말고 버리십시오" 사람들의 마음을 정화시키기 위해 '큰 바다를 번쩍 들고 오실'만큼 큰 사랑을 품으신 수녀님! 그 마음을 눈곱만큼이라도 닮고 싶다.

"늘어진 트레이닝복 차림에 맨 얼굴 손에는 검은 비닐봉지를 들고 광화문 일대를 걸어 다니는" 아줌마풍 시인과 배꼽 잡고 울고 웃으며 일상의 대화를 나누고 싶다면 성미정 시인의 『읽자마자 잊혀져버려도』를 읽기를 권한다. 행색은 저래도 '새벽 두 시까지 한 땀 한 땀 오른손 셋째 손가락에 땀나도록' 시 쓰기에 매달리는 영락없는 시인이다. 나는 이 중년 아줌마 시인이 하는 말을 듣고 있으면 마음이 소박해진다. '섹스 앤 더 시티'의 사만다처럼 거기에 하얀 털이 났다고 대놓고 호들갑을 떠는 이 시인을 어찌 사랑하지 않을 수 있겠는가.

요 근래에 들어 읽기 시작한 시집은 『제주에서 혼자 살고 술은 약해요』와 『뼈』이다. 싱그러운 울울함을 풍기는 젊은 여성

시인들의 자기 고백적 글들이 눈길을 사로잡는다. 이원하 시인은 하늘, 돌, 바람, 나비, 바다, 꽃 등 제주의 자연을 통해 한 사람을 향한 사랑의 감정을 이야기하듯 풀어낸다. 꼭 빨간 머리 앤이 시인이 되어 돌아온 것 같다. 읽다 보면 그녀의 귀여운 상상력에 빠져들어 계속 읽게 된다. 왠지 술은 셀 것 같다. 문창과를 나온 것도 아니고 시집을 딱 한 권밖에 읽어본 적도 없는 이가 이런 흡인력 있는 시를 썼단다. 시는 시인을 알아보나 보다. 대부분 유명한 시인들을 보면 어느 날 문득 시가 내게로 왔다고 얘기하지 않는가.

『뼈』는 이르사 데일리워드라는 흑인 여성의 시집이다. 비열한 남자 어른들에게 성적으로 짓밟힌 이야기와 지워지지 않는 상처를 절박하게 풀어놓았다. 피멍이 든 몸과 뼈에서 시를 뽑아내었다고 해도 과언이 아니다. "아름다움은 또 다른 형태의 감옥이다"와 "그곳에서는 / 아무것도 너를 찌르지 않는다. / 그 무엇도."라는 〈또 화요일〉에 나오는 시 구절을 보며 많은 생각에 잠겼다. 약자의 위치에 있었을 때의 여성의 몸에 대해 깊게 고민하는 계기가 되었다.

이렇듯 웬만하면 나는 읽히는 시집을 읽는다. 물론 다른 시인들의 시집도 가지고 있지만 초현실주의 시법의 현대시는 여전히 어렵다. 아무래도 내가 가진 배경지식이 미천하여 그럴 것이라 생각한다. 그럼에도 가끔 도전한다. 황현산 선생님은 "초현실주의는 현실을 뛰어넘는 또 하나의 세계를 상상해냄으로써 현실의 억압으로부터 정신을 해방하려 한다."라며 가까이 하기엔 너무 먼 시들에 가치와 의미를 부여한다. 그 말씀을 믿고 꾹 참고 읽어본다. 읽다가 바로 덮어버리는 한이 있더라도.

시는 시인이 자기만의 방식으로 쓰고, 독자가 자기만의 방식으로 읽는 문학이라고 했다. 머리에 쥐가 나게 하는 시 말고 뭉친 근육을 풀어주는 시를 읽자. 어려운 시는 마음이 편한 쪽으로 해석하자. 우리는 날카로운 평론가가 아니라 더 순해지고 싶은 평범한 독자가 아닌가. 마지막으로, 구입한 시집이 정말 마음에 들었다면 어떻게 해야 할까. 같은 시집을 사서 좋아하는 사람에게 선물해 보자. 상대에게 필요할 듯한 시를 골라 귀퉁이를 접어서. 마음을 담은 시 찜질을 사양할 사람은 없을 테니까.

 4단계. 시처럼 생긴 것 긁적거리기

이제 시와 친해지는 방법에 대한 긴 여정의 종착역에 거의 다 왔다. 지금쯤 당신만이 지니고 있는 그 생각과 존재의 소리에 귀 기울일 채비가 다 되었으리라 생각한다. 섬세한 관찰력을 지닌 뇌, 연민의 마음을 지닌 심장, 시처럼 생긴 것을 쓸 용기까지 다 준비되었다. 드디어 자신을 배신하지 않을 마법만 부리면 되는 것이다. 시인이 될 수 없다면 시처럼 살라고 했던가. 나는 이 말이 더 어렵다. 도대체 시처럼 산다는 것은 무엇일까?

이오덕 선생님은 『어린이는 모두 시인이다』에서 우리 아이들이 시를 만드는 장인바치가 아니라 시를 생활에서 찾고 느끼고 생각하고 행동하는 시적인 생활을 하는 사람이 되기를 원한다고 했다. 찾았다! 시처럼 살라는 말의 의미를. 시를 생활에서 찾고 느끼고 생각하고 행동하면 되는 것이다. 나는 나를 시생인이라 부른다. 내가 지은 말인데 '시처럼 생긴 것을 긁적이는 사람'의 줄임말이다. 몸을 상해가면서 시를 쓸 자신도 없고, 시인처럼 고뇌와 기쁨들을 보는 천 개의 눈을 가지지도 못했으니 그냥 비슷한 것을 쓰는 사람이라도 되겠다는 것이다. 그러고 보니 이오덕 선생님이 말씀하신 '시적인 생활을 하는 사람'과도 의미가 통한다. 줄임말마저도 딱이다.

그렇다면 본격적으로 마음에서 일렁이는 목소리를 담을 그릇은 무엇으로 하면 좋을까? 그 해답은 미국 시인인 메리 올리버가 30년 넘게 늘 뒷주머니에 넣고 다닌 공책에서 찾아보자. 그녀의 산문집 『긴 호흡』을 보면 후에 시로 재탄생할 언어의 알들이 고스란히 담겨있다. 보고 들은 것, 생각들, 책에서 인용한 문구, 일상의 여러 가지 잡다한 것들. 예를 들어, "흰뺨오리들은 아직 그레이트 연못에 있다.", "버지니아 울프가 쓴 많은 글은 그녀가 여자였기 때문에 쓴 게 아니라, 버지니아 울프였기 때문에 쓴 것이었다.", "당밀, 오렌지 하나, 회향 씨, 아니스씨, 호밀 가루, 이스트 두 덩어리" 등등. 이렇게 어떠한 형식 없이 순간순간을 포착해서 기록해 두면 된다.

그런데 엄마는 바쁘다. 우리는 메리 올리버처럼 아침마다 바닷가 근처를 산책하며 늑대거북의 움직임과 흉내지빠귀의 노랫소리를 관찰할 수 없다. 우리는 어느 시인들처럼 단지 시를 쓰기 위해 제주도나 먼 나라로 여행을 떠날 수도 없다. 무엇보다도 여기저기서 '엄마', '여보' 하며 나를 찾는 식구들의 소리에 고독의 시간을 내기란 여간 쉽지 않다. 그렇다고 포기하긴 이르다. 이부영의 『자기와 자기실현』에서 언급된 융의 부인이자 여성분석가인 엠마 융은 이렇게 말하여 우리에게 용기를 준다. "여성의 창조성은 생활의 영역에서 표현된다." 우리의 주활동 무대는 가정이다. 이 생활 공동체가 창조적 힘을 발휘할 수 있는 최적의 공간인 것이다. 가족을 위한 모든 생활이 시로 올 수 있다. 저녁식사를 준비하다가, 설거지를 하다가, 빨래를 개다가, 아이를 교육시키다가, 장을 보다가.

나도 순간들을 잘 메모해 두는 편이다. 한 번은 프라이팬에 김을 굽고 있는데 한 템포 늦게 뒤집어서 김 한 장이 살짝 탔다. 그런데 그 순간 김이 화상을 입었다는 생각이 드는 것이다. 얼른 나의 사물응시독후감 노트에 '김, 그녀의 몸이 화상을 입었다'라고 적어두었다. 그날 밤, 이 한 문장이 단초가 되어 〈구운 김〉이라는 시처럼 생긴 것이 탄생했다. 뒷부분만 들어보자. "그런데 너무 뜨거웠나 보다 / 예민한 그녀의 몸이 화상을 입었다 //.....// 드디어 드러나는 오묘한 검푸른 빛 / 단단하고 바삭한 결 / 나는 경건하게 가위질을 했다 / 그녀의 슬픔이 우수수 떨어졌다 // 오목한 쇠 요람에 갓 태어난 미끄덩미끄덩한 밥알을 / 눕혔다 그리고 그 위에 막 눈물을 닦아낸 보송보송한 / 검푸른 이불을 덮어주었다 / 그제야 하얗게 피어오르던 울음이 뚝 그쳤다" 어떤가. 시까지는 아니어도 시처럼 생기지 않았는가?

이성복 시인의 말대로 버림받은 것, 평범한 것을 귀하게 여기니 소박한 생활의 시 한 편을 낚을 수 있었다. 이때 즐거운 몰입을 통해 얻은 희열은 덤이다. 최근에는 키우던 강낭콩의

꼬투리가 통통하게 올라오고 잎이 시들해지는 모습을 보고 순간 먹먹해지면서 눈물이 났던 적이 있다. 신호다. 몸에서 강낭콩에 대한 시가 뚫고 나올 거라는. '새끼를 낳고 자신의 몸에서 진액을 뽑아내 키우느라 늙어가는 일은 강낭콩도 마찬가지다' 이 한 문장을 노트에 적어놓았다. 언젠가 투박하고 못생기더라도 시처럼 생긴 것이 얼굴을 내밀 거라 기대하면서.

이거다. 시가 별게 아니다. 나태주 시인은 『꿈꾸는 시인』에서 시인은 곡비와 같은 사람이라고 했다. 곡비란 옛날 상갓집에서 주인을 대신해서 울어 주는 일을 하던 사람을 의미한다. 한 번쯤은 어떤 사물과 한 몸이 되어 교감해 본 적이 있지 않은가? 그의 슬픔을 온전히 느끼고 눈물을 흘려 본 적이 있을 것이다. 그때를 놓치지 마라. 시처럼 생긴 것이 탄생하려는 징조다. 시생인이 될 절호의 찬스인 것이다.

만약에 순간은 잘 메모해 두었는데 그다음 문장을 잇는데 어려움이 있다면 시인들의 시 창작 강의를 들어보자. 이성복 시인의 『무한화서』는 아포리즘 형식으로 되어 있어서 읽기 편하다. 시에 대한 진액만 모아놓은 개론서라 보면 될 것이다. 매일 냉동실에서 꺼내 먹고 싶은 달콤 쌉싸름한 초콜릿 같다. 나태주 시인은 『꿈꾸는 시인』에서 시인 지망생에게 아주 쉽고 다정하게 시를 쓰는 법을 알려준다. 시를 쓰기 전, 쓸 때, 쓴 후의 마음가짐과 자세를 친절하고 꼼꼼하게 짚어준다. 장석주 시인은 『은유의 힘』에서 시에 없어서는 안 될 은유를 풍부한 인문학적 지식과 40년의 연륜을 바탕으로 자세히 알려준다. 책을 덮고 나면 은유가 입에서 자연스럽게 흘러나올지도 모른다. 요즘은 도서관에서 주관하여 줌으로 하는 온라인 강의도 있다. 힘들게 문화센터에 가지 않고도 집에서 시 쓰기를 편하게 배울 수 있다니. 참 좋은 세상이다.

이쯤에서 질문을 하나 던져보자. 우리는 대체 왜 밥도 안 나오고 돈도 안 되는 쓸모없는 일을 하려는 걸까? 나는 시를 읽는 행위, 그리고 쓰는 행위를 '살아있음'이라고 말하고 싶다. '숨'을 느끼기 위한 작은 발버둥이라고 말할 수도 있겠다. 내가 숨 쉬지 않고 살아있지 않다면 그 아름다운 것들을 어찌 보고 듣고 느낄 수 있겠는가. 내 마음의 목소리에 귀를 기울이고 그것을 짧은 글로 풀어쓰는 동안 잊고 있던 숨도 지금 살아있음도 모두 느끼게 될 것이다.

시는 자기의 감정을 들여다보는 데서부터 시작한다고 한다. 내가 좋아하는 성미정 시인은 어느 인터뷰에서 엄마가 감정 조절을 못하면 자녀에게 잔소리를 쏟아내기 마련인데 본인은 시로 풀었기에 아들을 많이 혼내지 않았다고 했다. 나도 그랬다. 아이에게 화를 낼 것 같으면 시를 읽었다. 밤에 나의 감정을 꺼내어 시처럼 생긴 것을 쓰다 보면 낮에 왜 아이에게 야단을 치려고 했는지 잊어버렸다. 화가 나고 울컥할 때 시만한 것이 없다. 시는 우리 안에 사는 괴물을 순한 양으로 만들어주는 심신 안정제이다.

나는 안다. 시를 읽고 쓰고 향유한다고 해서 내면의 소리에 모두 응답할 수 있는 것은 아니라는 걸. 상처에서 완전히 벗어나는 것도 아니라는 걸. 하지만 시는 분명 소화되지 못한 감정들의 배설을 돕는다, 종이 위에 쏟아내고 다듬다 보면 건강하지 못한 감정이 엉뚱한 곳으로 튀는 걸 막을 수 있다. 그러니 일단 쓰자. 그것이 타인을 공격하기 전에, 심지어 방향을 틀어 자신의 몸을 아프게 하기 전에, 자신을 배신하기 전에. 참고로 고상하게 말고 그냥 아줌마풍으로 쓰자. 감자 껍질을 벗기는 단순한 작업도 의식을 가진 행위라면 예술이 될 수 있다고 하지 않은가. 의식을 가지고 집안일을 해보자. 고무장갑을 벗는 순간 좋은 시까지는 아니어도 뭐라도 적을 수 있게 되지 않을까.

고소영도 했다는데 108배 해볼까

스트레스의 주범은 번뇌고 번뇌의 가장 큰 주범은 '내가 옳다'는 편견이다.
몸을 숙여 절을 하다 보면 마음이 차분해지면서
그러한 자신의 허물이 선명히 보인다. 맑아지기 때문이다.
- 박원자의 「내 인생을 바꾼 108배」 中에서 -

　당신은 몸의 주인으로서 자신의 몸을 잘 사용하고 있는가?
처음으로 108배를 100일간 꾸준히 하고 나서 바로 올라온 한
가지 깨달음은 이 세상에서 내가 믿을 사람은 온전히 나 자
신 뿐이고, 그중에서도 '내 몸'이라는 것이었다. 내 마음에 있
던 엄청난 쓰레기들이 빠져나간 뒤 가볍고 깨끗해진 마음에 들
어온 빛이 몸에 대한 생각을 새롭게 비추었다. 사실 엄마가 된
이후로 바쁘고 피곤하다는 핑계로 거의 운동이라는 것을 하고
살지 못했다. 아이가 유치원에 다닐 때 직장에서 잠깐 배드민
턴이나 탁구를 배워 보았지만 여러 사람 속에서 나의 부족한
면이 드러나고 남과 경쟁하는 식의 운동은 나와는 맞지 않았
다. 나 자신을 있는 그대로 인정하지 못하고 타인을 많이 의식
하던 시기였기에 더 그랬을 것이다.

하지만 육아와 직장에서 어느 정도 안정된 시기에 접어들었음에도 여전히 집에만 오면 무기력해지고 집안일을 미루게 되니 스트레스는 더 쌓여갔다. 내가 내 몸을 조정하는 게 아니라 내 몸에 나 자신이 끌려 다니는 꼴이었다. 그때 108배라는 단어가 자꾸 귀에 꽂히기 시작했다. 법륜스님의 〈즉문즉설〉을 들어온 지 1년이 넘는 시점이었다. 마음 치유와 몸 운동을 동시에 할 수 있다고 생각하니 시간이 부족한 워킹맘으로서는 구미가 당겼다. 어떤 종교적 행위가 아니라 자신을 참회하기 위해 하는 운동이라는 것도 매력적으로 다가왔다. '딱 100일만 해보자. 별 효과 없으면 또 다른 거 찾아보지 뭐.' 하는 마음으로 그렇게 운명적으로 108배 절운동을 만났다.

예전에는 헬스든 요가든 배드민턴이든 우선 시작도 하기 전에 의복과 장비 구입에 온 에너지를 썼다. 그런데 막상 운동을 시작하면 채 한 달도 되기 전에 심드렁해져서 수강료만 날리기 일쑤였다. 그런 나의 금사빠 성향을 알기에 이번에는 돈을 전혀 들이지 않고 우선 시작해 보기로 했다. 최소한 작심삼일이 되더라도 한쪽 구석에 버려져 있는 장비와 운동복을 보며 두고두고 죄책감을 느끼고 '역시 나는 안 돼' 하며 자기 비난을 되풀이하지 않아도 될 테니까.

108배는 마음 디톡스 운동

 우선 돌돌 말린 채 오랫동안 몸을 제대로 펴보지 못한 파란색 요가 매트부터 바닥에 쭉 펴놓았다. 그 위에 방석 2개를 나란히 놓은 뒤 큰 타월로 맨 위를 덮었다. 그럴싸한 절방석이 완성되었다. 108배를 정확히 하는 방법은 유튜브 채널에 많이 나와 있는데 나는「채환108배하는법」을 보고 기본적인 자세와 자세의 의미를 배웠다. 그냥 절만 하는 것보다 좋은 문구를 들으면서 하면 명상의 효과도 있을 듯해서「마음을 다스리는 108배 대참회문」을 들으면서 했다. 채환이라는 분이 본래 가수여서인지 목소리가 맑고 울림이 있어서 마음까지 편안해졌다.

 처음에는 '내가 참으로 감사할 줄 모르고 살았구나', '내가 옳다는 자의식이 엄청 강했구나' 하는 깊은 참회와 함께 매번 뜨거운 눈물이 났다. 특히, 나는 옳고 당신은 틀렸다, 이것은 좋고 저것은 나쁘다, 내편과 저편과 같은 이분법적인 분별심에 사로잡혀 있었음을 깨달았다. 108개의 참회문 중에 짓지 않는 죄가 하나도 없어 보였다. 자존심만 내세우는 살짝 쳐든 턱을 내리고 머리를 조아려 이마를 방석에 댈 때마다 나를 보호하기 위해 입고 있던 겹겹의 철갑옷이 벗겨지고 점점 작아져서 본래의 나로 돌아오는 듯한 느낌을 받았다. 이와 함께 한 번도 가까이 가서 들여다본 적이 없는 내 마음, 콘크리트처럼 단단했던 마음의 벽이 서서히 허물어지면서 더럽고 냄새나는 오물 덩어리들이 눈물과 땀과 함께 밖으로 빠져나가는 기분도 들었다. 그래서인지 108배를 하고 나면 그렇게 몸이 가벼울 수가 없었다. 내 몸에서 쓰레기를 가득 채운 10리터짜리 쓰레기봉투가 빠져나간 기분이랄까.

  직장에서 돌아와 앞치마를 두르고 집안일을 하는데도 전혀 피곤하지 않았다. 주말에는 자발적으로 집안일을 다 하고 나도 에너지가 남아돌았다. 남편 왈 그때 나에게서 보이지 않는 어떤 기운이 느껴졌다고 했다. 전혀 틀린 말도 아니다. 얼마 전까지만 해도 침대에서 '피곤해 죽겠어!'라는 말을 연발하면서 미루고 미루다가 마지못해 집안일을 하던 사람이 아니었던가. 그런데 갑자기 돌변하여 나비처럼 가볍게 여기저기로 날아다니며 뚝딱뚝딱 일을 해내는 내 모습에 나조차도 너무나 신기했으니 말이다. 이처럼 108배는 마음속을 정화해 주고 어리석은 생각들을 쓸어 담아 버리면서 결국에는 몸에 생기와 활력을 불어넣어 주는 마음 디톡스 운동법이다.

  불현듯 피어난 용서라는 꽃

용서는 천천히 피어나는 꽃이라고 했던가! 그러나 108배는 내면이 맑아지면서 일상에서 통찰력이 좋아지게 되니 우연한 상황에서 찰나의 순간 용서라는 꽃을 피우게 도와준다. 더불어 축복까지 선물할 수 있도록 도량을 넓혀준다. 딸아이가 치과 치료를 위해 이틀을 병원에 입원했을 때의 일이다. 그날도 새벽에 일어나 병원 보조 침대에서 108배를 하고 난 뒤 오전 진료를 기다리려 책을 읽고 있었다. 그때 옆 침대 환자분의 간병인이 틀어놓은 〈포도밭 울 엄니〉라는 인간극장을 보게 되었다. 할머니는 힘들게 일을 하고 나서 아들이 준 초코 음료 하나를 일당으로 받고 "이거 하나면 족해"라고 말씀하시면서 환하게 웃고 계셨다. 몸이 부서져라 농사일을 해오면서도 불평불만하지 않고 꾀병 한 번 부리지 않으시며 담백하고 유쾌하게 살아온 분이셨다. 다시 한번 할머니들의 'just do it' 정신을 떠올리며 나 자신에게 되뇌었다. '그래, 시간이 없다는 둥, 피곤하다는 둥, 마음이 울적하다는 둥의 핑계는 집어치우고 오롯이 지금을 살아내자!'

문득 31년 전에 돌아가신 할머니가 떠올랐다. 할머니는 시어머니로부터 쓸데없이 딸년만 싸질러 놓는다며 '거시기를 꿰매버려야겠다'는 모욕적인 말씀을 들으셨다고 했다. 할머니는 딸 여섯을 낳으셨다고 한다. 아들이 귀한 집에서 딸을 낳을 때마다 들었던 그 치욕적인 말은 할머니의 마음에 지울 수 없는 상처가 되었을 것이다. 할머니는 그 상처를 강제로 기억 저편 지하실에 가둬두고 베를 짜고 빨래를 하고 밥을 짓고 농사를 지었을 것이다.

그런데 나의 탄생이 당신의 트라우마를 떠올리게 한 것일까? 살아생전에 손자들에게는 살갑다가도 유독 나만 보면 쌩하니 차갑고, 데면데면하게 대하셨던 할머니. 나는 어린 나이에도 손주들을 대하는 할머니의 태도에서 확연한 차이를 느꼈다. 내가 5학년 때인가 할머니께서 조금씩 치매의 조짐이 보이기 시작하면서 우리 가족은 할머니를 찾아다니는 일이 종종 생겼다. 그날도 어김없이 할머니를 찾아 헤매다가 동네 어딘가에서 할머니를 찾았다. 그때 할머니가 뜬금없이 한복 속치마 속에서 눈깔사탕을 꺼내어 "요거 아주 맛나다 함 먹어봐라"하시며 내게 주시는 거다. 그 사탕은 분명 오빠를 위한 것이었을 거다. 오랫동안 나는 한 번도 박하사탕이나 눈깔사탕 따위를 할머니에게서 받아본 적이 없었으니까. 사탕은 좀 오래되었는지 먼지도 덕지덕지 붙어있었다. '그동안 한 번도 안 주시더니 이제와서 왜 이렇게 더러운 사탕을 주시는 거야? 안 먹어 치사해.' 나는 속으로 이렇게 생각하며 사탕을 화단에 휙 던져 버렸다.

지금 생각해 보니 그때 할머니의 상처가 치매와 함께 잠시나마 지워져서 손녀인 내가 그저 예쁜 손주로 보인 것이다. 홧김에 버린 그 먼지 묻은 눈깔사탕은 사실 할머니의 순수한 사랑이었음에 틀림이 없다. 할머니는 5년 정도 치매를 앓으시다 내가 중2 때 돌아가셨다. 나는 울지 않았다. 할머니에게 따뜻한 정을 느껴본 적도 별로 없거니와 며느리라는 이유만으로 엄마가 감당했던 수많은 희생을 지켜봐 왔기 때문이다. 할머니의 치매가 심해지자 엄마는 하루에도 열 번 이상 밥을 차리고 엎어진 밥상을 치우고, 몇 번씩 대소변을 치우고 할머니 몸을 씻기고 머리채를 잡아 뜯기며 욕을 듣는 것이 일상의 반복이었다. 집에서는 아무리 엄마가 깨끗이 쓸고 닦아도 썩은 내가 진동했다. 나는 거의 3년간 한 번도 친구를 집에 데리고 오지 못했다.

　할머니에 대한 미움과 죄책감은 한 번은 짚고 넘어가야 할 감정이었을까. 그날은 이상하게도 할머니가 이해되었다. 같은 여자로서 마음이 아팠다. 얼마나 잊고 싶은 기억이 많았으면 자신의 기억장치를 강제로 셧다운 시키셨을까. 더 이상 아픈 기억을 되새김질하며 고통받고 싶지 않으셨던 게 아닐까. 누구보다 'just do it' 정신을 평생 실천하며 사시던 꼬장꼬장한 욕쟁이 우리 할머니, 그녀는 부지런하고 손끝이 야무져서 마을에서 가장 베를 곱게 짜셨던 베짜기의 달인이셨단다. 하늘나라에서는 너덜너덜해진 당신의 마음을 그 야무진 손으로 촘촘히 꿰매고 홍역으로 저 세상에 먼저 보낸 딸들에게 맘껏 사랑을 표현하며 행복하게 사시기를 진심으로 바란다.

굿바이! 충동구매랑 결정 장애

108배를 하면서 좋아진 것 중에 또 하나는 결정 장애가 완화되었다는 거다. 과거의 나는 '반품의 여왕'이라는 별명이 있었다. 옷이든 신발이든 어떤 물건이든 구입하고 나면 그 가게를 이틀 내에 다시 방문했다. 특히 충동구매를 한 물건은 대부분 집에 와서 보면 마음에 들지 않아 환불을 하거나 교환을 해야 했다. 사실 옷가게 직원에게 카드를 주며 결제를 할 때 항상 『더 해빙』에서 이야기했듯 해빙 신호등에 빨간불이 들어온 상태로 기분이 불안하고 불편했었다. 이미 그 자리에서 내 마음속에서는 '이거 사려고 온 게 아닌데. 아, 생각지도 않은 지출인데'라며 후회를 하고 있었다. 하지만 나는 '죄송한데요, 다음에 살게요.'라는 그 두 마디를 입에서 떼지 못했다. 옷가게 직원들이 그럴 거면 왜 이 옷 저 옷을 입어보며 자신들의 귀한 시간을 빼앗았냐고 속으로 나를 비난할까 봐 두려웠기 때문이다.

솔직히 이보다 더 신경 쓰였던 것은 '돈도 없는 주제에 왜 옷은 사러 온 거야?'라며 나를 무시할 것 같은 생각이었다. 그런 복잡한 심경으로 계산대 앞에서 결재를 하고 나면 좀 전에 옷을 입어보며 행복했던 감정이며 소유에 대한 만족감은 싹 사라졌다. 충동구매에 대한 죄책감만 들고 '또 자기 절제를 못했구나. 나는 왜 맨 날 이 모양이지?'라며 자존감이 바닥으로 떨어졌다. 그러나 참회문을 독송하며 무릎 꿇고 몸을 낮춰 절을 하는 행위를 반복하면서 내 몸과 마음의 주인이 나임을 깨닫게 되자 내 결정에 대한 믿음과 책임감이 생기기 시작했다.

『우울할 땐 뇌과학』에서 세계적인 신경과학자 앨릭스 코브는 결단력을 키우기 위해 처음부터 거창한 결정을 내릴 필요는 없다면서 다음과 같이 조언한다. "이러지도 저러지도 못하고 마비된 듯한 상태에 빠지면 모든 게 우리의 통제를 벗어난 것처럼 느껴진다. 작게 시작하면 된다. 점심으로 무엇을 먹을지, 무슨 텔레비전 프로그램을 시청할지 선택하라. 삶의 어떤 부분에 단호히 결정을 내리면 다른 부분에 대한 결단력도 커진다는 사실을 보여준 연구가 있다. 한 가지를 선택하고 그것을 행하되 거기에 의문을 달지 마라." 어느 날 나는 이 신경과학자의 조언을 따라 식당에서 처음 마음이 가는 대로 망설임 없이 왕 안심 돈가스를 선택했다. 그리고 너무도 맛있게 먹었다. '느끼함 대신 된장국의 깔끔함을 선택할 걸' 같은 후회는 1도 없었다. 느끼함 자체도 그대로 받아들였고 정 느끼하면 단무지를 더 먹으면 그만이었다. 단호하게 결정을 내리고 이후에 어떤 감정이 들던 책임을 지겠다는 결정 전반에 대한 통제권을 내가 쥐고 행사한다고 생각하니 내 결정에 만족감이 더 높아졌다.

요즘은 충동구매로 옷을 구입하지 않는다. 인터넷 쇼핑몰에서 마음에 드는 옷을 보면 장바구니에 담아두었다가 며칠 묵힌다. 그 이후에 생각이 나서 다시 들어가 보면 대부분 처음에 느꼈던 설렘은 더 이상 없다. 이제 장바구니를 깨끗이 비우기만 하면 되는 것이다. 책 구입도 마찬가지다. 무분별하게 책값에 돈을 쓰던 시절이 있었지만 지금은 인터넷 서점에서도 읽고 싶은 책들을 장바구니에 담아두었다가 도서관에서 빌려본 뒤 소유하고 싶은 책만 구매한다. 이처럼 108배와 함께 나의 소비 의사 결정 능력을 키우는 데 도움을 주는 장바구니를 나는 '마시멜로 장바구니'라고 부른다. 지금 먹는 것을 참으면 나중에 두 개의 마시멜로를 먹을 수 있다는 '마시멜로 테스트'에서 착안한 별명으로 나의 인내력 상승에도 지대한 공헌을 하고 있다.

나는 주로 밤에 책을 읽거나 글을 쓰기 전에 108배를 해왔다. 새벽에 하는 것도 좋았지만 참회문에 맞추어 하루를 반성하고 좋았던 일이든 안 좋았던 일이든 다 비워내고 다시 새로운 나로 리셋되는 느낌이 좋았다. 저녁에 집안일을 마무리하고 나면 얼굴의 화장과 몸의 때를 클렌저로 씻어내듯이 눈에 보이지 않는 마음의 때는 절운동을 통해 씻어냈다. 기억은 한계가 있어서 시간이 지나면 오늘 경험한 것들을 우리의 머릿속에서 금세 지워 버린다. 하지만 절운동을 하면서 지금에 집중하게 되면 의식이 맑아지면서 오늘 일어난 많은 일들을 팝업창을 띄우듯 소환할 수 있었다. 감사할 일들을 다시 감사할 수 있는 시간이었고 집착이나 욕심을 다시 놓아버릴 수 있는 귀한 시간이었다.

당신은 축복입니다, 절운동을 통한 신기한 체험

모든 꽃은 자기 내면으로부터 스스로를 축복하며 피어난다고 한다. 그 자기 축복의 과정이 없으면 봉오리는 '꽃'이라는 완성을 경험할 수 없다. 새벽에 일어나 해온 절운동이 보름쯤 되었을 때인가 나는 아주 신기한 체험을 했다. 참회문을 들으며 108배를 하는데 '당신은 축복입니다'라는 말에서 눈물이 터져 나왔다. 그러면서 이상하게 내 입에서 '그래 엄마가 젖 줄게, 배고팠지? 엄마가 젖 줄게. 넌 우리의 축복이야. 넌 아무것도 아닌 존재가 아니야. 넌 우리의 축복이야.'라는 말들이 쏟아졌다. 엄마는 나를 낳고 딸을 낳았다는 이유로 미역국도 못 얻어먹고 할머니로부터 더 심한 시집살이를 당하셨다고 했다. 그로 인한 스트레스 때문인지 젖이 나오지 않았다고 했다. 나는 몇 날 며칠을 빈 젖꼭지를 물고 울다가 결국에는 어쩔 수 없이 분유를 먹게 되었다는 얘기를 어렴풋이 들은 적이 있다. 아마도 나는 젖 한 방울도 나오지 않는 빈 젖을 입에 물고 배를 고르며 사랑받지 못한다고 생각했을 것이다. 그 핏덩이가 무슨 죄가 있었겠는가. 단지 배가 고팠을 뿐인데. 그래서 나는 40년 넘게 울고 있는 봉오리로만 존재했던 게 아닐까. 꽃으로 피어보지도 못한 채 그저 말라비틀어져 가는 봉오리로.

존 브래드 쇼의 『상처받은 내면아이 치유』에서 보면 신생아기 때 안기고 싶고, 신체적 접촉을 바라고 젖을 먹고 싶은 욕구들이 제대로 충족되지 않으면 자기 자신을 부끄러워하고, 깊은 곳에서부터 자신이 뭔가 잘못되었다고 느끼게 된다고 한다. 김형경의 『사람풍경』에서도 아기 때 형성된 분노가 신경증의 원인이 된다는 내용의 글이 있다. "무의식에 억압된 분노는 아기 때 형성된 것이며 특히 욕구를 좌절시키는 엄마를 향해 품는 감정이다. 엄마는 아기가 경험하는 최초의 사람이면서 동시에 최초의 분노의 대상인 것이다. 아기는 분노의 대상이 또한 사랑의 대상이기 때문에 분노의 감정을 표출하지 못한 채 내면 깊은 곳으로 억눌러 감춘다. 그렇게 해서 억압되고 내면화된 분노는 신경증의 원인이 되며 언젠가는 되돌아와 우리의 삶을 공격한다." 이해가 갔다. 아무리 아기라고 하여도 본능적으로 나는 내가 환대받지 못하는 존재라는 사실을 알고 있었고, 무가치한 존재라고 생각하며 마음속 깊은 곳에 수치심을 뿌리내렸을 것이다. 이는 내가 본연의 나 자신에 만족하며 살아가는 것을 방해했을 것이고, 딸이라는 존재 자체로 사랑받고 존중받지 못함으로 인해 나 스스로 건강하지 못한 자기애를 키웠을 것이다.

그런데 왜 하필 108배 참회문 중 '당신은 축복입니다'에서 기억에도 없는 갓난쟁이 시절의 나의 모습이 떠올랐을까. 그렉 브레이든은 『절대 기도의 비밀』에서 축복은 상처받은 감정을 몸 안에 가두어두기보다는 해방시키고 치유의 빛을 향해 마음의 문을 열어젖히는 '윤활유'라 할 수 있다고 말했다. 그렇다. 108배를 하면서 내게 축복을 빌어주니 마음이 밝아지고 환해지면서 나도 모르게 컴컴한 무의식 속 지하실에 가둬 둔 아기가 자기 본래의 모습을 드러낸 것이다. 이렇게 해서 가장 최초에 상처를 입은 내면아이와 첫 조우를 할 수 있었다. 감사하게도 갓난아기인 내면아이는 성인아이인 나에게 먼저 용기를 내어 도움의 손길을 요청한 것이다. "이제 그토록 오랫동안 버려두었던 나를 좀 챙겨주세요. 사랑해 주세요. 나를 소중한 존재로 대해주세요."라고 울부짖으면서. 책을 통해 상처받은 내면 아이의 존재를 알게 되고 그 아이와 얼마나 소통을 원했던가. 그런데 108배를 통해 그 결실을 맺은 것이다.

내면에 있는 아기에게 축복해서일까. 어느 순간부터 내 안에서 알 수 없는 에너지가 솟아오르는 것을 느꼈다. 냉하고 무거운 내 몸이 뜨거워지고 가벼워졌다. 녹슬고 삐걱거리던 온몸에 윤활유가 발라진 것처럼 가볍게 날아다니듯 집안일을 했다. 조금도 힘들지 않았다. 그 체험을 계기로 나는 나를 위해 축복의 말을 내뱉기 시작했다. "넌 축복이야, 넌 우리 집의 축복이야. 넌 정말 사랑스러운 아이야. 네가 있어서 얼마나 행복한지 몰라." 언제부터인가 내 얼굴에 항상 웃음기를 띠게 되었다. 드디어 내가 봉오리를 뚫고 나와 꽃으로 피어난 것이다. 이게 바로 내면에 치유의 힘이 아니고 무엇이겠는가.

미백 크림을 매일 바르고 팩을 한다고 해서 노란 피부가 하얗게 변하지는 않지만 어느 정도 맑아진다. 108배도 마찬가지로 매일 한다고 해서 상처가 없고 부정적인 감정이나 생각이 전혀 올라오지 않는 완전무결한 아기였을 때로 돌아가지는 않는다. 하지만 분명한 건 마음이라는 그곳이 예전보다는 훨씬 맑아진다는 것, 가벼워진다는 것은 확실히 느낄 수 있다.

　사람에게서 상처를 받았다고 느낀 날, 내가 상대방에게 의도하진 않았지만 말실수한 것 같은 날, 정신적으로 힘들어서 몸까지 천근만근인 날은 무조건 108배를 했다. 딱 15분만 하고 나면 모든 잡념은 사라지고 오롯이 감사와 사랑만 남았다. 나를 작으면서도 크게, 단단하면서도 부드럽게 해주는 단 15분의 마법 같은 시간! 이렇게 절운동을 통해 몸을 움직이면 분명 불과 몇 시간 전의 나보다 그리고 어제의 나보다 몸도 마음도 더 아름다워진다. 108배 절운동 중독! 아, 영원히 헤어 나오고 싶지 않다. 내 무릎이 허락하는 한.

이제 작은 리더라도 체험해 봐요

———

"다른 사람을 다스리고자 하면 먼저 자기를 다스려라."
- 영국의 극작가 필립 메신저 -

당신은 자신의 삶의 지휘관으로서 자신을 잘 다스리고 있다고 생각하는가? 아주 만족스럽지는 않더라도 적어도 '과거의 나'와 비교해 '지금의 나'가 더 마음에 드는가? 혹은 최근에 가족이나 친구로부터 '너 사람 됐다' 라거나 '좀 멋져졌다' 라고 칭찬을 들어 보았는가? 그렇다면 이제 당신은 자신만의 달팽이집에서 나와 그동안 자신의 마음을 단련하며 쌓은 내공을 시험해 볼 때다. 사실 마음의 가장 중요한 내적인 역량이라 할 수 있는 평온함과 자존감은 혼자 있을 때는 흔들리거나 훼손될 일이 거의 없다. 그런데 타인과의 갈등상황이나 내 취약성이 노출될 때 마음에 지각 변동이 일어난다. 어쩌면 이때가 내 마음 상태의 안정성 정도를 시험해 볼 수 있는 기회다. 그렇다면 적극적으로 자신의 내공을 테스트해보려면 어떻게 해야 할까? 바로 작은 모임이든 조직 내 작은 분야에서든 리더의 경험을 해보는 것이다.

나는 코로나 사태 직전 내면적으로나 업무적으로도 준비가 되어있다고 생각했을 때 부장 제의를 받아 나를 시험대 위에 올려놓아 보았다. 'NO'를 선택할 수도 있었다. 하지만 관리자가 나에게 보내는 '신뢰'와 내면의 나가 나에게 보내는 '자신감'이라는 시그널이 만난 지금이 도전과 성장을 할 수 있는 딱 알맞은 시점이라고 생각했다. 무엇보다 변화한 내가 궁금했다. 내가 더 많아질 업무와 책임감, 관계에서의 스트레스를 얼마나 잘 극복해 갈지, 사람들을 따뜻하게 포용하면서 어떻게 협력적인 분위기를 이끌어낼지, 돌발 상황 속에서 괴물로 변하지 않고 나 자신을 온전히 지켜낼 수 있을지. 그렇게 나는 익숙하고 안락한 나만의 공간에서 조금은 낯설고 불편한 광야로 나왔다. '나 자신'이라는 보호막을 믿고.

하찮아질 용기가 필요해

시작은 나쁘지 않았다. 잘해 보려는 열의와 에너지로 힘든 줄도 몰랐다. 업무에서도 나름 자신이 있었다. 하지만 코로나 시대에 부장 역할은 완전히 새로운 것이었다. 끝없는 새 틀 짜기와 새로 고침, 끊임없는 회의와 최선의 선택, 새로운 디지털 기술의 습득에 대한 도전과 인내 그리고 내 안의 나와 나와 다른 타인에 대한 깊은 이해와 성찰. 거의 매일 이 여덟 가지의 핵심 업무가 내 앞에 놓여 있었다. 예전 같으면 기존의 양식을 살짝 수정만 하면 되었다. 회의는 일주일에 한 번이면 되었고 선택할 거리는 사소하고 단순했다. 협업할 일도 많지 않았기에 갈등이 발생할 일은 드물었다. 그냥 각자가 자기 할 일만 잘하면 되었다.

그런데 코로나 상황에서는 협의하고 조율하고 협력해야만 하는 일들이 대부분이었다. 즉 그 일들을 주관할 중간 관리자의 역할이 더욱 중요해진 것이다. 각자도생을 했다가는 어쩔 수 없이 비교와 경쟁을 하는 차가운 분위기가 조성될 게 불 보듯 뻔했다. 신구의 격차, 디지털 활용 능력의 격차, 심지어 사고 방식의 격차로. 방향뿐만 아니라 속도까지도 맞춰나가야 하는 연대의 순간들이었다. 나는 우리 1학년이라는 작은 배의 선장이 된듯 했다. 혼돈의 소용돌이 속에서 키를 단단히 잡고 모두에게 안전한 길을 보여주어야 하는 길잡이. 솔직히 버거웠다.

그 과정에서 가장 힘들었던 건 나의 불완전성이 적나라하게 드러난다는 것이었다. 그로 인해 마음공부를 하면서 어느 정도 내려놓았다고 생각한 완벽주의와 인정욕구가 고개를 들기 시작했다. 내 안으로 향해 있던 시선이 다시 타인을 향하고 있었다. 약해진 나를 느꼈다. 조그마한 실수를 해도 부족한 사람이라는 수치심을 느끼고 있는 나를, 부장으로서 함량미달이라는 자기비판을 하고 있는 나를, 관리자에게든 동료들에게든 잘하고 있다는 인정을 갈구하는 나를. 매일 타인으로부터 평가받는 기분이었다. 반 아이들에게 항상 '최고'보다는 '최선'을, '완벽'보다는 '탁월함'의 미덕을 강조해오지 않았던가. 그런데 부끄럽게도 내가 딱 정반대로 생각하고 있었다.

영국의 소설가 D. H. 로렌스는 하찮아져야 하는 이유를 이렇게 말했다.

"당신은 기꺼이 닦이고 지워지고, 받아들여지지 않고 하찮아질 수 있는가? 그렇지 않다면 당신은 결코 정말로 변하지는 못할 것이다."

변하고 싶었다. 정말로 더 나은 사람이 되고 싶었다. 그래서 용기를 냈던 게 아닌가. 하찮아지기를 선택했다. "오류 부분이 있는지 확인 부탁드려요.", "여기 편집이 잘 안 되네. 어떻게 하는지 가르쳐줄래요?" 시간을 단축하기 위해 회의 도중 문서를 만들어야 할 때가 많았다. 나는 있는 그대로의 내 실력을 보여주고 기술적인 면에서 나보다 더 나은 젊은 선생님에게 도움을 요청했다.

처음에는 모두가 컴퓨터 앞에 앉아 있는 나를 바라보고 있으니 버벅거리고 얼굴까지 빨개졌다. 그렇지만 더 완성도 있는 공문을 내보내야 한다는 목적에만 집중하며 나라는 개인을 지웠다. 간혹 부장이라고 하더라도 내 의견이 받아들여지지 않고 공격을 받을 때는 아집이 올라오기도 했다. 하지만 점차 마음의 평정심을 되찾으며 내 경험치의 부족과 문제를 큰 틀에서 바라보지 못하는 좁은 식견을 가진 나의 한계를 인정했다. 그리고 내가 옳다는 자만심을 자각하며 최선의 결정에만 집중했다.

그런데 이렇게 조금씩 나의 취약함을 노출하고 도움을 요청하면서 오히려 자신감이 더 회복되는 것을 느꼈다. 『인생을 바꾸는 90초』에서 조엔 I.로젠버그는 스스로 취약해지고자 할 때 가장 큰 감정적 힘을 발휘하게 된다며 이렇게 말한다. "다른 사람에게 의지하고 자신의 욕구와 한계를 경험하고 도움을 요청하는 것은 감정적으로 강인한 모습이자 인간 경험의 일부분이다. 도움을 청하는 것은 나약함의 표시가 아니라 인간성의 표시다." 참 힘이 되는 말이 아닌가. 취약함을 메우기 위해 타인의 도움을 받는 것이 인간적인 매력이 될 수 있다니. 더 이상 자존심 상해할 이유가 없었다.

이때 하찮아질 용기를 낼 수 있도록 도와준 부캐가 있다. 퇴근 후 집안일을 끝내면 곧바로 달려드는 '글 쓰는 사람'이다. 성과가 바로 나오고 만만하게 할 수 있는 일은 아니지만 건축물을 짓듯 차곡차곡 문장을 쌓아 올리는 작업은 업무의 만족도와는 비교할 수 없는 희열이었다. 『인정받고 싶은 마음』을 쓴 오타 하지메는 여러 개의 스테이지에서 여러 개의 정체성을 갖고 사는 것도 강박을 낮추는 효과가 있느냐는 조선비즈 김지수 기자의 질문에 이렇게 답한다. "능력을 발휘하는 장소, 평가받는 그룹이 많을수록 평가에 덜 심각해집니다. 한 군데서 인정받으려고 올인하지 않죠. 정체성을 분산시켜 다원화하면 '이게 아니면 다음'이라는 대안이 생겨요. 반드시 본업 이외에 부업이나 취미를 갖기를 권합니다." 정말 그랬다. 직장에서 인정욕구가 극에 달하지 않을 수 있었던 이유는 내가 매진하는 분야가 하나 더 있었기 때문이다. 그것도 거기에서 나다움의 가치를 발견할 수 있는.

부캐 덕분에 나는 훨씬 편안해지고 자신감을 갖게 되었다. 최선을 다한 공문에서 실수가 발견되었을 때나 부장회의에서 존재감이 없을 때도 수치심까지 느끼지는 않게 되었다. 불쾌한 감정이 올라올 때마다 이런 생각을 했다. '경미한 실수는 있었지만 나의 강점을 최대한 발휘해서 일을 마무리했잖아.', '집에 가면 나를 가장 나답게 해주는 또 다른 일이 나를 기다리고 있다고.' '좀 하찮아지면 어때. 괜찮아. 나만의 또 다른 강점이 있으니까.' 얼핏 그럴듯한 변명 같아 보이지만 확실히 효과는 있었다.

물론 인정욕구가 완전히 사라질 수는 없다. 다만, 할 수 있는 한 최선을 다한 뒤 받아들여지지 않고 하찮아질 용기를 선택하면 된다. 신기하게도 취약성에 편안해질수록 반대급부로 강점에서 자신감을 더 발휘하게 된다. 그게 바로 하찮아짐의 마법이다. 사람들과 함께 일을 하면서 오만 감정들이 내 얼굴 위를 스쳐 지나갔다. 하마터면 회의 분위기를 껄끄럽게 만들어서 하찮아짐의 마법을 부릴 기회조차 잃을 수 있었다.

그러한 불편한 감정과 표정의 노출로부터 나를 보호해 준 마스크에게 감사하다. 보이지 않게 심호흡을 하면서 감정을 다스리고 침착하게 숙고하며 결국 하찮아짐을 선택할 수 있도록 시간을 벌게 해 주었으니까. 『빅터 플랭클의 죽음의 수용소에서』에 좋아하는 문장이 있다. "자극과 반응 사이에는 공간이 존재하며 어떤 반응을 보일 것인지 선택할 수 있다." 그렇다. 코로나 시대에 자극과 반응 사이에는 마스크가 존재하며 덕분에 더 나은 반응을 선택할 수 있었다.

극진히 모시자. 귀찮음을 선물해 주었으니

"아이가 당신을 귀찮게 하지 않을 때에는, 아마도 이미 성인이 되어 당신을 떠났을 것이다! … 친구가 당신을 귀찮게 하지 않을 때에는, 아마도 이미 당신과 멀어졌을 것이다! 인생은 서로를 귀찮게 하는 과정이다. … 귀찮음이 오고 가는 사이에서 정이 싹트고 사람들은 자신의 가치를 드러낸다. 인생은 바로 이러하다."

중국의 베테랑 편집인인 마오펀슝의 『귀찮으면 지는 거야』의 서문 중 일부다. 업무에 치이고 이런저런 일들로 힘들어할 때 이 글귀를 만났다. 귀찮음의 반전 철학이라고 해야 할까. 머리를 한 대 얻어맞은 기분이었다. 귀찮음이 덜 귀찮게 보였다. 아니 조금 과장해서 지금 누릴 수 있는 선물처럼 느껴졌다. 편견은 깨져야 제 맛! 이후에 맛보는 통찰은 꿀맛이다.

안타깝게도 차츰 부장으로서 적응할 무렵 나만 손해를 본다는 억울함이 들기 시작했다. 봉사직과 다름없는 부장일 뿐인데 예기치 않은 일들이 모두 내 몫이 되었다. 특히 동료가 해온 결과물의 완성도가 낮거나 실수가 많은 경우 사후처리까지 해야 하니 스트레스는 계속 쌓여갔다.

'이것이 최선입니까?' 자꾸 오래된 드라마 〈시크릿 가든〉 속 현빈의 대사가 머릿속을 맴돌았다. 내 귀한 시간을 빼앗기며 귀찮은 일들을 또 할 생각을 하니 화가 났던 것이다. 한편으로 나 자신에게도 화가 났다. 내가 하찮아지기로 했던 건 나의 취약성과 한계를 인정해서이지 않았던가. 그런데 동료의 사소한 흠집 앞에서 왜 눈을 감지 못하냐 말이다. 기시미 이치로의 『버텨내는 용기』에 이런 구절이 있다. "정신적으로 건강한 사람은 타자가 나에게 무엇을 해주는지가 아니라 내가 타자에게 무엇을 해줄 수 있는지 관심을 가집니다." 그때 알았다. 내가 입으로 들어오는 바이러스는 마스크로 선제적 방어를 잘하고 있었지만 정신에 파고드는 바이러스에는 능동적 방역을 하지 않았음을.

내면의 소리에 귀를 기울였다. '너 지금 번아웃되어가고 있어. 지쳤다고. 너무 잘하려고 애쓰지 마. 너 기준이 높은 거 알지? 모두 자기 선에서는 최선을 다한 결과물이야. 그냥 있는 그대로 받아들여. 조금만 관대해지자. 너 자신에게도. 타인에게도.' 내면의 나가 들려주는 말은 항상 옳다. 현재의 내 상태를 정확하게 진단해 주고 처방까지 해주니까. 마음이 산뜻해지면 몸도 가벼워진다. 그러면 내가 할 수 있는 일을 선택할 혜안이 생긴다. 우선 귀찮음을 연상케 하는 '왜 나를 힘들게 하지?'라는 질문을 지워야 한다. 대신 그 자리에 '내가 어떻게 도와줄까?', '내가 뭘 할 수 있을까?'라는 질문을 띄우는 거다. '나를'에서 '내가'로의 변환. 문제 해결의 열쇠를 내가 쥐자는 것이다. 여기에 한 가지 더 보탤 게 있다. 나를 조금 인정해 주는 것이다.

최연소 여성 임원이었고 현재 마케팅 전문 컨설팅 회사인 블러썸미의 최명화 대표가 조직에서 여성 직장인이 현명하게 승리할 수 있는 방법에 대해 쓴 책 『PLAN Z』에 자기 인정에 관한 이런 구절이 있다. "내가 도와줄 수 있다는 사실에 감사해야 한다. 내가 아무 영향력이 없는 사람이라면 도와줄 수 없다. 도와줄 수 있다는 건 그만큼 내가 영향력을 가진 사람이라는 증거다." 이번에도 생각의 전환이 일어나지 않는가? 귀찮음을 해결하는 일이 내 영향력을 나눠주는 거라니. 비록 변변치 않지만 내가 가진 재능에 감사함이 느껴졌다.

며칠 뒤 또다시 귀찮은 일들을 만났다. 하지만 이번 대응은 비교적 성공적이었다. 귀찮음 1단계, 거의 매주 1~2회 정도 오는 14년 지기 절친의 SOS에 답하기. 부탁한 자료 보내기 성공! 재능기부 미션 클리어! 귀찮음 2단계, 수업활동을 하다가 마음에 들지 않으면 포기하거나 아예 참여를 거부하는 우리 반

남자아이의 마음을 읽어주고 기다리기, 그리고 하교 시간 이후
에 따로 집까지 바래다주기.

처음에는 그럭저럭 잘 따라오나 싶었다. 그런데 아이는 종이
접기를 하다 말고 멈춘 뒤 계속 씩씩거리는 거다. 말을 하진
않지만 이유는 분명히 있다. 기다려야 한다. 넘치는 인내심을
갖고. 남아서 완성하고 가겠냐는 질문에 고개만 끄덕인다. 그
래도 책임감은 있는 아이다. 이후 모두가 하교 준비를 하느라
수선스런 틈을 타 우리 반에서 제일 손재주가 좋은 여자아이
가 가만히 다가왔다. 그리고 내게만 들릴 듯 차근차근 말을 하
기 시작했다. "선생님, 할 말이 있어서요. 사실 진우가 아까 접
은 모자를 쓰레기통에 버리는 것을 봤어요. 뭔가 잘못 접었나
봐요. 선생님께 말씀드리면 선생님 속상하실 수도 있고 그 친
구도 부끄러울 수 있을 것 같아서 지금 말씀드리는 거예요. 제
가 남아서 도와주고 가면 안 될까요? 그냥 그렇게 하고 싶어서
요."

순간 8살밖에 안 된 아이가 얼마나 크게 느껴지던지. 부끄러
웠다. 그 짧은 시간에 어떻게 모두가 마음 상하지 않는 선에서
문제를 해결하는 방법을 찾아냈을까. 시간적 손해를 감수하고
자신의 재능을 어찌 저렇게 자발적으로 나누려고 할 수 있을

까. 사람의 가치는 누군가에게 도움이 된다고 생각하는 공헌감을 통해 얻어진다는 아들러의 철학을 어찌 알고 있었을까. 아이는 어른의 스승이 맞다. '고마워'라는 말이 여러 번 오갔다. 이보다 더 훈훈한 방과 후 종이접기 시간이 또 있을까. 여자아이는 언니를 따라 먼저 집으로 갔다. 고양이처럼 특유의 경계심을 갖고 있고 주변 상황에 민감하게 반응하는 그 남자아이와 의도치 않게 집사가 된 나는 손을 잡고 걸었다. 아이의 집까지 200미터 정도를 걸으며 꽤 재미난 대화가 오갔다.

"우리 진우랑 데이트하니까 참 좋다."
"데이트가 뭐예요? 저는 게임할 때 쓰는 업데이트라는 말밖에 모르는데."
한참을 웃다가 내가 이렇게 말했다. "데이트는 좋은 사람과 함께 즐거운 시간을 보내는 걸 말한단다." 그랬더니 아이는 도도하게 이렇게 말하는 거다. "그럼 이거 데이트 맞네요. 엄마랑도 데이트하는 거였구나."

나는 또 웃었다. 이 귀여운 고양이는 나와 헤어지고 정확히 다섯 번이나 뒤를 돌아 나를 보았다. 미션 클리어! 덤으로 잊지 못할 순간을 포착하는 일까지 성공!

마지막 귀찮음 3단계, 동료가 보내온 학습지 수정하기. '내가 누군가를 도울 수 있는 영향력이 있는 사람이다.', '내가 가치 있는 사람이 될 수 있는 기회를 준 동료에게 고맙다.'는 생각으로 귀찮음과 마주했다. 천천히 문장을 손보고 자연스럽게 편집 성공! 최종 미션 클리어! 귀찮음을 대하는 태도가 바뀌니 내 마음속에 세 가지 선물이 쌓였다. 결코 얻기 쉽지 않은 고양이 과 아이의 마음, "너는 널리 학교생활을 이롭게 해주는 홍익인간이야"라고 말하며 선배가 붙여준 '홍익인간'이라는 과분한 별명, 그리고 "고마워요. 편집하느라 수고 많았네요."라는 무뚝뚝한 동료의 따뜻한 말 한마디.

살아있는 한 귀찮음에 대한 불평과 감사는 끊임없이 계속될 것이다. 그러나 인생 자체가 서로를 귀찮게 하는 과정이라고 하지 않은가. 나의 존재 가치 또한 그 귀찮음 속에서 빛을 발하는 것이고. 조직에서 가장 이상적인 관계는 양쪽이 모두 이득을 취하는 상리공생 관계다. 이러한 관계 형성은 귀찮음을 대하는 내 태도에 달려있다. 그러니 우리를 귀찮게 하는 존재를 만나면 심호흡 한 번 크게 하고 속으로 이렇게 되뇌자.

"극진히 모시자. 귀찮음을 선물해 주었으니."

애매한 리더십이면 어떤가. 어쩌면 더 많은 것을 발휘할 수 있을지도

부장이 되고 나서 예민한 성향의 나는 종종 머리가 아팠다. 몸은 그대로인데 눈과 몸 안에 장착된 센서는 고성능으로 교체된 느낌. 카멜레온이 된 거 같았다. 의도적으로 봐야 할 데이터와 의도하지 않아도 들어오는 데이터가 폭주했다. 초록을 잘 유지하던 감정 신호등이 빨강으로 바뀌면 내 몸은 비상상태로 돌입. 발끝에 있는 피까지 끌어 모아 머리로 보냈다. 또다시 지끈지끈. 그래도 조금씩 무뎌졌다. 고맙게도 눈치 빠른 몸이 알아서 진화하며 감정의 교통정리를 잘해주었다. 그런데 중요한 의사결정을 하는 데 있어 불협화음이 생기자 내 리더십에도 적색 신호가 켜졌다.

학부모와 소통의 창구인 플랫폼 선정에서부터 줌을 활용한 수업의 도입 여부까지 불확실한 상황을 두고 다소 불편한 대화들이 오갔다. 최적의 의사결정을 내려야 하는데 고려할 사항이 많으니 혼란스러웠다. 내 몸은 '첫 경험'을 앞둔 모두의 불안을 흡수해 탄력을 잃고 흐물흐물한 스펀지가 된 거 같았다. "부장님, 왜 이랬다 저랬다 해요?" 이 말이 훅 몸을 뚫고 들어왔다. 그때는 서운했지만 리더십에 관련된 책들을 읽으면서 반성했다. 철저한 분석이 빠진 유연함은 변덕스러움으로 비칠 수 있음을…….

 제프리 헐의 『FLEX』에는 팀장으로서 자신의 리더십 유형을 확인해 볼 수 있는 '리더십 에너지 자가평가' 체크리스트가 있다. 이 테스트를 통해 에너지를 어디에 집중하고, 평소에 세상을 어떻게 생각하고 느끼고 움직이는지를 판단할 수 있다. 최대한 마음을 비우고 각각 30개의 문항에 체크를 했다. 혹시나 했으나 역시나. 결과는 '감성형 리더십'이 93프로로 압도적이었다. 2위는 67프로가 나온 이성형, 행동형은 33프로가 나왔다. 막힌 것이 뻥! 뚫리는 기분. 초반에 왜 우리가 힘들어했는지 알았다.

 문제에 대한 자료와 정보 수집, 수집한 자료의 철저한 분석, 새로운 기기와 기술을 먼저 체험해 보고 장단점을 일목요연하게 정리하는 능력이 부족했다. 설상가상으로 위기관리 능력의 부재. 블랙 스완 상황(발생 가능성이 극히 적지만 한 번 발생하면 치명적인 사건 혹은 현상) 앞에서 나는 우리 팀의 리더로서 플랜 B뿐만 아니라 C, D도 가지고 있어야 했다. 그런데 플랜 A에도 확신이 없었으니. 맞다. 딱 그 순간에는 '이성형 리더십'이 답이었다.

이참에 예전에 읽었던 케이트 루드먼의 『알파 신드롬』에서 내 유형의 치명적인 위험요소를 제거하기 위한 처방전도 다시 꺼내어 읽었다. 이 책에 따르면 나는 '알파형 몽상가'에 가깝다. 자세히 들여다보면 '감성형 리더십'과 닮았다. 이 유형은 강력한 열정, 뛰어난 직관력, 호기심을 바탕으로 높은 목표를 세우고 불가능한 것에 도전하는 미래지향적인 인간이다. 다만 이 강점을 제대로 발휘하려면 다음과 같은 처방전을 잘 따라야 한다.

"실무적 재능이 있는 사람을 곁에 두기, 자신의 아이디어에 대한 사람들의 지지를 얻기 위해 기다리기, 반대 의견에서 배울 점 찾기, 혼자 해낼 수 없는 일은 위임하기, 시간과 자원의 한계 인정하기, 신중하게 검토하고 정직하게 단점을 드러내며 주변으로부터 피드백을 요청하기"

역시 리더십 코칭은 리더십 전문가에게 받는 게 맞다. 이쯤에서 내 실수를 발견했다. 위기의 상황에서 실무적 재능이 있는 사람을 곁에 두지 않았다는 점. 혼자 해낼 수 없는 일을 위임하지 않은 점. 우습게 보이지 않으려고 용쓰다가 더 우스운 꼴이 되고 만 것이다.

감성형 리더십에도 함정은 있다. 공감능력이 너무 높아 경계선의 구분이 모호한 점. 과도하게 감정에너지를 소모한다는 점. 나는 공과사의 구분선, 대화에서 참고 넘어갈 선이 흐릿했다. 동료들의 말투와 표정에서 나오는 감정에 세세히 신경 쓰느라 사실에만 집중하지도 못했다. 그러다 보니 회의는 길어졌고 모두가 지치는 상황이 되었다. 과도한 공감이 부른 역효과다. 사실 나는 혼자서 다량의 공감에 취해 비틀거린 거나 다름없다. 정신은 똑바로 차리고 내 강점을 활용해 동료들의 마음을 읽어주고 심리적 안정감을 주었어야 했다. 그랬더라면 더 신속히 문제를 해결하지 않았을까.

팀원의 공감도를 숫자로 산출하는 식이 존재한다는 것을 알고 있는가? 조직 혁신 컨설턴트인 아사나 고지는 『THE TEAM』에서 다음과 같이 구성원의 공감도를 높이는 방정식을 제시한다.

> 공감도 = 보상 목표의 매력(하고 싶다) × 달성 가능성(할 수 있다) × 위기감(해야 한다)

예를 들어 줌 수업의 도입에 관한 토의를 적용해 이 공식을 이해해 보자. 이미 시작한 학년이 있고 화상 수업이 대세가 된 상황이니 '위기감'은 디폴트 값이나 다름없다. 그렇다면 하고 싶고 할 수 있게 유도해야 한다. 이는 마음을 가볍게 해서 행동하게 해야 하는 문제다. '내 얼굴과 수업 영상이 인터넷상에서 돌아다니면 어쩌지?', '기기 활용을 잘 못해서 혼자 뒤처지면 어쩌지?' 같은 두려움과 불안을 덜어내는 게 우선이다. 최악의 상황을 유쾌하게 유머로 풀어내면서. 그다음 단계로 줌 수업의 매력과 가능성을 어필해야 한다. 제품을 홍보하듯이 말이다. 『지금 팔리는 것들의 비밀』에서 최명화 대표는 요즘 세대에게 제품을 팔려면 소비자를 가르치려 들지 말고 먼저 멋진 사람이 되어 그들을 유혹해야 한다라면서 이렇게 덧붙인다. "당신이 미처 몰랐던 것을 알려줄 테니 들어봐"가 아니라 "내가 이런 사람인데, 관심이 가니?"라는 톤으로 속삭여야 한다.

  막막할 땐 무작정 겸허한 자세로 시도해봐야 한다. 여러 동영상을 비교해 본 뒤 왕초보도 따라 하기 쉬운 줌 수업 사용법 영상을 보여주는 것이다. 그리고는 속삭이는 거다. "저는 기계치인데요, 따라 해 보니까 할 만하네요. 하나씩 배워가자고요. 모르는 것은 서로 도와가면서 해요. 어때요? 관심이 가나요?" 이제는 안다. 공감도를 높이기 위해서는 '행동형 리더십'도 필요하다는 것을. 설득이 없는 설득이 사람의 마음을 움직인다는 것을.

지난 1년을 복기해 보니 그래도 후반에는 리더십 책들에 나온 전략들을 어설프게나마 활용했던 것 같다. 크리스마스 전날 부장을 경험한 '이성형 리더십'을 가진 동료가 통화 중에 한 말을 듣다가 울컥했다. "부장님, 처음에는 어디서 본 적 없는 부장 스타일이고 다소 흔들리는 모습이었는데 2학기부터는 자신감 있고 강단 있게 끊을 때는 딱 끊으면서 일을 추진하는 모습이 보기 좋았어요. 부장님은 올해 본인의 성장 점수를 높게 줘도 될 것 같아요. 내년에는 진짜 더 잘하실 거예요."

이 동료의 피드백이 더 감동적이었던 이유는 초반에 "부장님, 왜 이랬다 저랬다 해요?"라고 말했던 바로 그 친구가 한 말이었기 때문이다. 사실 그녀는 나의 리더십 처방전에 등장하는 인물이다. 1년 동안 나는 그녀의 실무적 재능과 반대 의견에서 많은 것을 배웠다. '몸에 좋은 것이 입에는 쓰다'는 말이 사람에도 통하지 않을까. 참 고마운 그녀는 내 리더십 면역력을 키워준 보약이었다. 덕분에 콩알만 한 리더십 근육이 생긴 것 같다.

나는 아직 나의 리더십의 정체성을 딱 이렇다고 정의 내릴 수 없다. 성장을 지향하고 협력하고 나누고 교류하는 것을 좋아하니 베타형이기도 하고, 반면에 성취욕도 높은 알파형 이기도 하나 다 부족하고 애매하다. 『일에 관한 아홉 가지 거짓말』에 이런 구절이 나온다. "우리가 아는 모든 리더에게는 명백한 결점이 있다. 리더는 완벽한 사람이 아니며 완벽과 거리가 멀다. 높은 성과는 특이함에서 나오고 성과 수준이 높을수록 특이함 수준도 높아진다. …… 설령 어떤 마법 같은 리더십 자질 세트가 있더라도 그것 없이도 많은 리더가 다양하게 리더십을 발휘하고 있다." 완벽한 리더십 치트키 없이도 나만의 리더십을 만들 수 있단다. 좀 위안이 되지 않은가. 무엇보다 독특함에서 높은 성과가 나온다는 말에 힘을 얻었다.

나는 〈싱어게인〉에 나오는 30호 가수에게서 나의 셀프리더십의 방향을 엿본다. 뛰어난 사람들을 시기하고 질투하는 것이 재능인 사람. 기존의 곡을 자기 멋대로 해체하고 조립하여 본인만의 스타일로 재창조하는 사람. 자신이 선보인 음악 장르를 '30호'라고 말하며 새로운 장르를 개척하는 사람. 그는 이렇게 고백한다. "저는 어디서나 애매한 사람이었거든요. 충분히 예술적이지도 않고 충분히 대중적이지도 않고 …… 제가 애매한 경계에 있는 사람이기 때문에 더 많은 걸 오히려 대변할 수 있지 않을까? 이런 생각을 했습니다."

나도 16년을 질투와 호기심으로 이것저것 도전하며 워킹맘의 생활을 버텼더니 애매한 경계에 서 있는 사람이 되었다. 충분히 지적이지도 충분히 감각적이지도 충분히 역동적이지도 않은. 어느 자리에서든 슈크림처럼 생각이 유연하고, 사랑을 퍼 나르는 '슈퍼달팽이'가 돼볼까? 1학년 선생님 아니랄까봐 살짝 유치하다. 앗! 네이버에 검색해 보니 이미 있는 표현이다. 프랑스 슈퍼달팽이크림. 이건 아니다. 이번엔 살짝 세련되게 수정. 상황에 맞게 필요한 리더십으로 모드를 전환할 수 있는 사람이 돼야지. 꿈이 너무 야무진가. 아무튼 그동안 내 안에 작고 못생긴 형형색색의 구슬들이 모였다. 그것들을 내 멋대로 쪼개고 연결하다 보면 언젠가 뭐라도 되지 않을까. "리더십 장르가 뭐죠?"라고 물으면 "생강차입니다."라고 말할 수 있는.

힘을 빼자. 참을 수 없이 가벼울 때까지

나는 끄떡하면 운다. 그놈의 감수성 폭발하는 눈물샘은 당최 마를 생각이 없다. 방학식 다음날 설거지를 하던 도중 청승맞게 눈물이 와락 쏟아졌다. 그간 잘 참아온 내가 너무 대견해서. 크게 얼굴 붉힐 일을 만들지 않아서. 누구와도 다투지 않고 관계가 어긋나지 않게 해서. 힘든 코로나 상황에서 순항은 아니었지만 함께 무사히 목적지에 도착해 웃으면서 작별인사를 나눌 수 있게 돼서. 그 모든 여정이 감격스러웠던 것 같다.

'내공은 그냥 우리 반 아이들과 학부모에게만 쓸걸. 뭣 하러 부장은 해가지고 이렇게 과거의 나로 돌아가려 할까?' 이런 후회가 들 때가 있었다. 힘겹게 버린 '완벽주의'라는 옷을 다시 찾아 입고 나를 옭아매기. 내려놓은 '인정 욕구'을 다시 잡아 저글링 하며 나를 괴롭히기. 자존감은 돌려 깎아 말리고 쪼그라든 공간에 '자존심'을 끼워 넣기. 나름 튼튼하게 리모델링해 왔다고 생각한 내 마음의 집에 균열이 생기기 시작했던 것이다.

왜 나는 다시 건강하지 못한 나로 돌아가려고 했을까? 이왕 하는 거 '잘하고' 싶었다. 못한다는 말은 절대 듣고 싶지 않았다. 하지만 잘한다는 기준은 얼마나 애매한가. 그 답을 몰라 무작정 열심히 했다. 맞다. 두려움이 파고든 것이다. 아직 완전하게 치유되지 않은 잘못된 믿음 때문에. '나는 부족한 사람이다. 그래서 부끄럽다. 그런 나의 실체를 알면 사람들이 나를 싫어할 것이다. 그러므로 나를 방어해야 한다.' 도대체 질긴 생명력을 지닌 '자기 불신'이라는 괴물을 어떻게 처단해야 할까?

영국 최고의 심리치료사인 마리사 피어는『나는 오늘도 나를 응원한다』에서 다음과 같은 해결책을 내놓았다. "우리는 모두 특정 방식으로 행동하고 반응하도록 프로그램화되어 있다. 이는 곧 인간의 행동에 일정한 패턴이 있다는 것을 의미한다. 따라서 당신의 내면에 있는 프로그램을 다시 설정하면 부적절한 역할 모델과 잘못된 조언 및 믿음으로 형성된 사고방식을 없앨 수 있다. 그것이 사라지면 태어날 때부터 본래 갖고 있던 자신감을 되찾을 수 있다." 아, 딜리트 키라도 있으면 싹 초기화시키고 새로 프로그램을 깔면 좋으련만. 뿌리 깊게 자리 잡은 사고방식을 한 순간에 지운다는 게 말처럼 쉬운 작업은 아니다. 자존감이 심하게 쪼그라든 어느 날 나는 교감선생님과 대화 중에 고민을 털어놓았다.

"저보다 더 완벽주의 성향의 동료로 인해 제 부족한 능력이 들춰지면 괜히 속상해요. 앞에 나서서 일을 하지 않았다면 자존심이 상할 일도 일어나지 않았을 텐데 말이죠. 조용히 우리 반 아이들하고 행복하게 지냈으면 됐을 텐데⋯⋯."

"그냥 그 사람이 잘하는 걸 잘하게 둬. 그 사람이 빛나게 해줘 버려. 그럼 편해."

"아⋯⋯."

"그리고 하나는 알고 둘은 모르네. 선생님이 했던 그 좋은 교육과정

프로그램의 혜택을 예전에는 선생님반 아이들만 받았을 거잖아. 그런데 지금은 1학년 전체 학생들이 받으니 얼마나 좋아. 그게 더 멋진 거 아니야?"

참 신기하게도 그분이 툭 던진 한 마디에 꽉 쥐고 있던 주먹의 힘이 풀리는 느낌이 들었다. 스포트라이트를 받는다고 더 존재감 있는 사람이 되는 것도 아니고 그것을 타인에게 넘긴다고 해서 초라해지는 것도 아니지 않은가. 나는 있는 그대로 그 자리에서 빛나는 존재인걸. 그날 이후 나는 실수를 좀 더 편안하게 드러냈고 적극적으로 도움을 요청했다. 디테일에 탁월한 동료가 맘껏 자신의 강점을 발휘하도록 기회를 주고 진심으로 감사해했다. 동료들의 예리한 코멘트로 나의 아이디어가 실용화되어 가는 과정을 보면서는 협업의 힘을 새삼 깨달았고 겸손을 배웠다.

프로그램화된 강박적 행동을 깨는 데는 로버트 그린이 쓴 『인간 본성의 법칙』에서 큰 도움을 받았다. 그는 성격은 바꿀 수 없지만 패턴은 바꿀 수 있다며 다음과 같이 설파한다.

"당신의 발목을 계속 붙잡는 실수나 패턴을 가혹할 만큼 정직하게 들여다보아야 한다. 자신의 한계를 알아야 한다. …… 그리고 사춘기를 지나서까지 이어지고 있는 당신 성격의 타고난 강점도 알아야 한다. 이런 것들을 알게 됐다면 당신은 더 이상 당신 성격의 포로가 아니다. 이제 똑같은 전략과 실수를 끝없이 반복할 필요가 없다. 당신의 평소 패턴에 빠져 드는 게 눈에 보이기 때문에 제때에 알아차리고 한발 물러 설 수 있다."

'가혹할 만큼'이라는 표현에서 정신이 번쩍 들지 않는가. 내가 평생 사용해야 할 프로그램에 결함이 있으니 이를 고치기 위해 냉철하고도 신랄한 분석을 하는 것은 당연하다. 그로 인해 나는 나의 한계와 강점을 파악할 수 있게 되었다. 낡은 패턴에 끌려 다니며 나 자신을 괴롭히는 횟수가 현저히 줄어든 것은 가장 큰 수확이다. 타인의 말이나 무관심을 모욕이나 공격으로 해석하려 할 때 얼른 패턴을 알아차리고 신경을 다른 곳으로 쓸 수 있게 된 것이다. 어떻게 이런 작은 변화가 가능했을까. 아마도 성장하고 싶다는 욕망과 나 자신을 끝까지 포기하지 않겠다는 자기 사랑에서 기인하지 않았을까 싶다.

그는 패턴을 완전히 제거할 수 없을지도 모르지만 연습을 계속한다면 그 영향력만큼은 완화시킬 수 있다는 희망적인 메시지를 던진다. 자신의 한계를 알기에 능력이 안 되거나 성향이 맞지 않는 일은 손대지 않게 되는 지혜도 얻을 수 있단다. 나는 나의 패턴과 나 자신을 알아가면서 어떤 포인트에서 내가 움찔하는지 알기에 그 순간 나를 진정시킬 수 있었다. 그리고는 몸에 힘을 빼고 내가 잘할 수 있고 하고 싶은 일들을 하며 나의 자리를 찾아갔다. 부장 경험이 많은 친구가 내게 해 준 말이 있다. "부장이 별거야? 줄반장 같은 거야. 그냥 힘 빼!"

 처음에는 몰랐다. 도대체 힘을 뺀다는 것이 어떤 의미인지를. 이제는 알겠다. 힘을 뺀다는 것은 부족한 나를 감추는데 억지힘을 쓰지 않는 것임을. 타인의 인정을 받으려고 안간힘을 쓰지 않는 것임을. 취약한 분야에 온 힘을 쓰지 않는 것임을. 까짓것 모르면 물어보고 느긋하게 결과를 기다릴 줄도 아는 것임을. 나에게 거는 기대를 낮추고 '이만하면 됐어!'라며 손 털기를 할 수 있음을. 그냥 있는 그대로의 자연스러운 나를 보여주는 것임을.

 구스노키 교수는 『일을 잘한다는 것』에서 일을 잘한다는 의미를 업무 기술을 넘어서는 개념으로 '감각'이라고 부른다. 그리고 다음과 같이 힘 조절을 할 줄 아는 감각을 일을 잘하는 능력으로 간주한다.

 "정말 감각이 있는 사람은 그저 감각이 있을 뿐만 아니라 감각을 발휘할 자리를 잘 알고 있습니다. 자신이 해야 할 일인지 아닌지를 판단하는 직감이 실로 뛰어나죠. ······ 물러날 때와 나서야 할 때를 아는 것, 이 또한 일을 잘하는 사람의 특징이라고 할 수 있어요."

말이든 일이든 대부분의 센스는 덜어냄에서 비롯된다. 하지만 아는 만큼 보이듯 아는 만큼 힘 빼기도 가능하다. 모르면 두렵고 방어태세로 돌입하여 몸에 잔뜩 힘이 들어가기 마련이다. 그래서 나는 끊임없이 새로운 기술과 기법을 배우고 익힌다. 특히 젊은 후배들에게서는 최신 기술과 참신한 아이디어를, 열정적인 선배들에게서는 노련미를 갖춘 업무 기술과 세련된 관계의 기술을 배우며 나를 업그레이드 중이다.

중년임에도 여전히 쉽지만은 않은 사회에서의 인간관계, 특히 작은 리더로서의 역할에 대한 노하우는 그때그때 유튜브를 들으며 수혈을 받는다. 유튜브 채널 〈유세미의 직장 수업〉의 유세미 작가는 직장 여성으로서 최고의 멘토다. 현재 내가 딱 필요로 하는 조언과 에피소드를 들을 수 있어서 15분 이내에 고민이 말끔히 해소되는 기분이 든다. 최근에는 어도비 코리아 우미영 대표의 〈어른친구〉 채널에서도 팀장으로서의 역할에 대한 생생한 꿀팁을 들으며 과거의 나를 반성하고 새로운 나로 덮어씌우기를 해나가고 있다.

이렇게 작은 리더를 체험하는 일은 자신의 한계와 가능성을 모두 실험해 보는 계기가 된다. 나를 더 알게 되고 내가 모르던 나를 발견하게 된다. 무엇보다 개인이 아닌 팀을 위해 내가 어떻게 해야 할지 끊임없이 성찰하는 경험은 한 단계 나를 성장시킨다. '하찮음', '귀찮음', '시원찮음'을 넘어서고 나니 조금은 '내려놓음'에 다다랐다. 예전보다는 자존감이 안정적이 되었고 나 자신을 조금 더 이해할 수 있게 되었다. 그래서 나는 고된 봉사직이지만 다음 해 다시 부장에 도전했다. 나의 고민과 불안에 항상 진심 어린 조언을 해주시는 교감선생님은 다음과 같은 글로 내게 힘을 주셨다.

> "샘을 보면 한여름 밤 깨끗한 냇가에 있는 반딧불이가 생각납니다. 보기에는 여려 보이나 어두운 밤 충분히 주변을 밝히는 반딧불이 같은 분입니다. 제가 이곳에 와서 제일 좋은 건 교육에 관해서 제 생각을 샘 같은 분들과 나눌 수 있다는 겁니다. 학년부장은 학교의 꽃입니다. 올 한 해 화려하게 꽃 피시길 바래요."

화려하기보다는 은은한 꽃이고 싶다. 꽃이기보다는 차라리 신형건 시인의 동시 〈가랑잎의 몸무게〉 속 가랑잎이고 싶다. 한없이 가볍지만 풀벌레와 풀씨를 덮어주는 '따스함'을 지닌. 제 몸을 갉아먹던 벌레까지도 포근히 감싸주는 '너그러움'

을 지닌. 1년간의 작은 리더로서의 삶을 복기해 보니 다시 한 번 내가 어떤 사람이 되고 싶은지 보인다. 여전히 나는 허점투성이다. 하지만 지금처럼 배움과 성장의 끈을 놓지 않고 가다 보면 언젠가 '그 사람'이 되어있지 않을까. 작지만 어둠을 밝힐 수 있는. 얕지만 깊은 울림을 줄 수 있는.

마음챙김 명상도 패션처럼 꾸안꾸 스타일로

———

내가 지켜본 바로는, 명상 경력 자체는 아무 상관이 없다.
중요한 것은 명상에 참여하는 태도이다. 가장 중요한 것은 열린 태도로,
아무것도 모르는 아이 같은 태도로 명상에 다가가는 것이다.
- 「아디야샨티의 참된 명상」 中에서-

당신은 하루에 얼마나 자주 거울을 보는가? 아침에 씻고 꾸
밀 때, 엘리베이터 안에서나 출입문의 유리로 내 모습이 괜찮
은지 힐끗 볼 때, 화장실에서 일을 보고 손을 씻으며 매무새가
단정한지 확인할 때, 점심을 먹은 후 화장을 고칠 때, 누군가
를 만나기 전 얼굴에 더러운 것이 묻었는지 확인할 때, 저녁에
씻고 나이트 케어를 할 때 등. 우리는 아침부터 자기 전까지
다양한 이유로 내 얼굴과 마주한다.

40대가 되면서부터는 거울에 비친 내 얼굴이 익숙하면서도
마음에 들지 않기 시작했다. 기미와 잡티로 얼굴에 얼룩이 생
기고 낯빛도 칙칙해지기 시작한 것이다. 매일 씻고 영양을 공
급해 주고 때때로 셀프 마사지 팩까지 해주는데도 세월의 흔
적을 지우고 예전의 나로 돌아가기는 쉽지 않다. 그렇다면 마

음은 어떨까? 당신은 하루에 몇 번이나 마음을 거울에 비춰보는가? 육아와 직장 일을 병행하며 숨 가쁘게 살아오느라 마음을 가꿀 겨를이 없지 않았는가? 신경 좀 썼는데도 얼굴에 얼룩이 생기는데 그동안 방치한 마음에는 얼마나 많은 얼룩이 있을까.

그 마음에 곰팡이까지 끼어 더럽고 냄새까지 나던 때가 있었다. 육아도 집안일도 직장일도 모두 완벽하게 해내야 한다는 강박에 에너지를 남김없이 쏟아부어 번아웃 상태가 된 시점이었다. 그 결과 나라는 자아감을 상실하고 숨은 쉬고 있지만 죽은 것과 다를 바 없는 상태에 빠졌다. 살아있다는 느낌은 오로지 사람을 만나고, 쇼핑을 하고, 일에 과도하게 몰입했을 때라야 느낄 수 있었다. 거의 중독에 가까웠다. 항상 공허함과 후회가 뒤따랐으니까.

내면에 굶주리고 분노에 가득 찬 맹수 한 마리가 살고 있는 것 같았다. 그 녀석은 더 이상 웅크리고 숨어있지 않겠다는 듯 나뿐만 아니라 주변 사람들마저 공격했다. 내가 나를 컨트롤할 수 없는 느낌, 내가 자신과 분리된 느낌, 중심축을 잃고 잘못된 길로 향하고 있다는 느낌. 이런 불안정하고 혼란스러운 마음 상태로 하루하루 겨우 버티며 살아갈 무렵, 나는 어떻게든 고통을 끝내야겠다고 결심했었다. 사실 스스로 나를 치유해 보겠다고 마음은 먹었지만 어디서부터 어떻게 시작해야 할지 막막했다. 자신을 들여다보는 공부는 어디에서도 배워본 적이 없지 않은가.

도대체 내가 왜 이러는지 그 이유를 알고 싶었다. 원인을 정확히 알아야 대책이든 뭐든 세울 수 있을 테니까. 그래서 무작정 책을 집어 들었다. 각종 심리 서적을 음미하며 먹어 치우기 시작했다. 건강보조제나 건강식품도 잘못 먹으면 부작용이 있듯이 처음에는 내가 경계성 인격장애나 심각한 정신적 문제를 가진 사람이라 생각했다. 하지만 심리에세이부터 심리 전문 서적까지 두루 뒤적이다 보니 내 마음속에 상처 입은 내면아이를 만나게 되었다. 더불어 그 아이가 살고 있는 허름한 마음의 집도 보게 되었다. 내 육체만 치장하느라 철저하게 외면한 그곳을.

그렇게 책에서 시작한 마음 들여다보기는 팟빵, 유튜브, 앱 등의 다양한 콘텐츠와 함께 꾸준히 이어지고 있다. 워낙 똑같은 일을 반복하는 것을 좋아하지 않는 편이고, 복잡한 일보다 단순하지만 확실한 매력을 가지고 있는 것을 선호해서일까. 마음을 챙기고 가꾸는 방법도 심플하지만 상황에 맞게 믹스매치해서 사용한다. 언제나 해도 지루하지 않고 간편하게 그러나 효과는 만점인 나만의 마음챙김 명상의 루틴을 만들어가고 있다.

나는 명상에 대해 정확히 알지는 못한다. 특히 명상과 관련된 어려운 용어들은 머리 아프게 일일이 알고 싶지도 않다. 단지 진지한 태도와 호기심을 가지고 나의 소박한 삶에 어울리는 방법들을 익혀 예전보다 가볍고 평온해진 내가 되고 싶을 뿐이다. 그런 의미에서 명상을 대하는 나의 태도는 다큐멘터리 영화 〈디터 람스〉에서 본 독일 가전 브랜드 '브라운'의 수석 디자이너였던 디터 람스가 한 말과 비슷할 것 같다. "Less but better" 최소한의 그러나 더 나은. "단순함으로, 순수함으로 돌아가라."는 그의 말처럼 단순한 명상들로 나는 매일 조금씩 순수해진 나를 만난다.

여전히 나를 가꾸는 일은 즐겁다. 얼굴에 쿠션 팩트를 얇게 펴 발라 최대한 피부를 깨끗하게 표현하고 자연스럽게 눈과 입술에 색을 입힌다. 20년 이상 갈고닦은 노하우로 옷도 꾸민 듯 안 꾸민 듯 센스 있게 내 몸에 입힌다. 마지막으로 타원형 귀걸이와 링 반지들, 시계까지 착용한 뒤 내가 만든 향수를 한번 팔목에 휘감으면 끝. 이렇게 매일 아침 나는 나만의 스타일링을 완성하고 다시 새롭게 태어난다. 이 작업은 이제 나에게 이를 닦고, 밥을 먹는 것과 같은 모닝 루틴이다. 애쓸 필요 없이 자동적으로 행하는 일. 자, 명상도 이렇게 루틴화해서 깔끔하고 세련되게 우리의 마음을 가꿔보는 건 어떨까? 꾸안꾸 느낌으로다가 믹스 매치해서.

'명상적 읽기와 듣기'로 마음에 기초공사하기

몸에 묵은 살을 빼야 핏과 스타일이 살아나는 옷으로 나만의 스타일링을 할 수 있지 않은가. 마음도 마찬가지다. 마음과 자신을 무의식적으로 동일시할 때 생성되는 거짓자아인 에고를 빼내야 한다. 끊임없이 우리에게 욕심과 분노와 잘못된 생각을 일으켜서 그로 인해 파생되는 고통과 괴로움을 먹고 사는 에고! 이 악동 같은 에고를 다이어트시켜야 한다. 그래야 있는 그대로의 내 마음을 담백하게 스타일링하여 당당히 세상 밖으로 내보일 수 있을 테니까.

지난 수년간 훌륭한 스승들의 말과 글을 거의 하루도 빠짐없이 마음에 쏟아부은 결과 무겁고 갑갑했던 마음이 서서히 가벼워지는 걸 느꼈다. 마음 안에 탁 트인 여유 공간이 생긴 기분이랄까. 5년 전 여름, 어느 날 리모델링 중인 옆집 문이 반쯤

열려 있어서 엘리베이터를 기다리다가 조심스럽게 들여다본 적이 있었다. 문과 벽이 모두 허물어진 뒤 시멘트 바닥만 남은 텅 빈 상태. 도색하고 새로운 가구들로 다시 채워지면 곧 깨끗하고 예쁜 새집으로 재탄생하기 전인 상태. 그때 그 집을 보며 '지금 내 마음속이 딱 이렇겠구나!' 싶었다.

낡고 허물어져 가는 폐가 같던 내 마음이 그런 상태까지 개조되는 데는 바로 엄청난 양의 지혜의 말씀이 있었다. 『참된 명상』에서 서구 영성계의 차세대 지도자인 아디야 산티는 명상은 진정한 자신이 누구이며 무엇인지를 깨닫는 것이라고 말한다. 그러니 깨어남에 이르기 위해서는 우리 자신의 타고난 호기심과 지성을 가지고 명상적 자기탐구에 진지하게 몰두해야 한다고 주장한다. 그렇다면 참나를 알아가는 자기탐구를 위한 명상은 선인들의 지혜를 읽고 듣는 마음공부를 통해 가능하지 않겠는가.

전 세계적으로 영혼의 스승으로 존경받는 비베카난다의 『마음의 요가』에는 지혜와 지성을 중심으로 하는 '즈냐나 요가'가 소개된다. 이 수행 방법은 위대한 현자들의 말을 주의 깊게 들음으로써 예리하게 지성을 가다듬어 진리의 말씀에 대해 깊이 명상한 뒤, 걸림이 없는 자유 상태에 이르게 하는 것이다. 아마도 내가 거의 팔 년 동안 해 온 '명상적 읽기와 듣기'가 바로 이 수행법인 듯싶다. 처음부터 알고 시작한 건 아니었다. 그냥 언제 어디서나 굳이 가부좌를 틀고 눈을 감지 않아도 되니 편해서 한 것이었다.

지혜가 폭포수처럼 머리 위로 떨어지고 내 안으로 흘러 들어가 마음속에 온갖 더러운 것들을 씻겨주니 개운했다. 특히 자기혐오와 열등감이 섞인 내면의 목소리가 점차 줄어드니 마음에 작은 평온이 찾아왔다. 한시도 나를 가만히 두지 않고 속을 시끄럽게 했던 에고의 목소리. 이제는 심심하다 싶으면 꼬리를 살짝 내린 말투로 내게 시비를 걸어온다. 하지만 분명한 건 내가 그 목소리에 휘둘리거나 끌려가지 않는다는 거다. 이제는 내가 심판관이 되어 그 목소리를 어떻게 처단할지 여유를 갖고 선택한다. 무심히 흘려보낼지, 그만하고 나가라고 따끔히 혼내줄지, 조금 곱씹어서 성찰할 양분으로 쓸지.

초창기 대부분의 명상적 읽기는 눈물과 콧물을 쏙 빼며 카타르시스를 동반했다. 몇 시간 동안 꼼짝 않고 앉아 책을 읽고 눈물을 쏟고 나면 그렇게 시원할 수 없었다. 정말 다시 태어나는 것 같았다. 진짜 나를 가로막고 있던 막이 한 꺼풀씩 벗겨지는 느낌. 나를 가두고 있던 벽이 부서지는 느낌. 딱 그런 느낌이었다.

명상적 읽기의 시작은 김형경의 『천 개의 공감』이었다. 이 책 한 권만으로 집단 상담을 받은 느낌이었다. '나만 이상한 게 아니었구나!' 아니 '나만 마음이 아픈 게 아니었구나!'를 느끼며 깊은 안도감과 위로를 받았다. 이 책을 읽고 내면아이의 존재를 알게 되고 내면 탐구와 셀프 치유를 해봐야겠다는 의지를 갖게 되었으니 내 인생에 전환의 기회를 준 참 감사한 인연이라 생각한다.

존 브래드쇼의 『상처받은 내면아이 치유』는 체크리스트 질문지에 답을 하고 점수를 매겨보며 어느 시기의 내면아이가 상처를 입었는지 알게 해 주었다. 읽는 내내 '그랬구나, 그래서 그랬었구나'를 연신 내뱉으며 참 많이 울었다. 나의 알 수 없는 분노와 내가 뭔가 부족하고 잘못된 것 같다는 수치심의 원인을 알게 되니 내 내면을 더 깊이 들여다볼 용기가 생겼다. 희망이 보였다. 내면아이와의 첫 조우는 어색하고 확신이 들지는 않았다. 하지만 마음속에 살고 있는 괴생명체가 무섭고 성난 괴물이 아니라 두려움과 슬픔에 떨고 있고 사랑에 굶주린 '어린 나'라는 것을 깨닫는 소중한 순간이었다.

이용규 목사님의 『더 내려놓음』을 읽으면서는 종교와는 상관없이 깊은 몰입과 멈춤, 정직한 고뇌를 경험할 수 있었다. 자아를 죽인다는 것, 자아를 십자가에 못 박는다는 의미를 꽤 오랫동안 안고 지냈다. 그로 인해 내가 상황을 어떻게든 통제할 수 있다는 교만함을 내려놓고 내맡김으로 가고자 하는 겸허함을 조금 갖게 되었다. 물론 지금도 계속해야 하는 작업이다.

타라브랙의 『자기돌봄』을 읽는 내내 나는 거대한 팔 안에 안겨서 무조건적인 사랑과 가르침을 받는 느낌이 들었다. 이토록 친절하고 다정하고 배려심 넘치고 지혜의 정수를 쉽게 풀어쓴 명상 관련 책이 또 있을까. 내가 이 책을 통해 얻은 가장 큰 깨달음은 앞으로의 배움과 교육의 방향은 부족하기 때문에 뭔가를 채우기 위함이 아닌 이미 우리 안에 있는 선함과 본성을 깨우기 위함으로 가야겠다는 것이다. 무엇보다 나 자신뿐만 아니라 내 가족과 친구, 내가 가르치는 아이들, 내가 만나는 모든 사람에 대한 존재관을 다시 생각해 보는 계기가 되었다.

내게 명상의 의미는 우리가 이미 가지고 있는 사랑을 깨워 그 사랑을 나를 위해 먼저 쓰고 타인을 위해 쓰기 위해 내 마음 안에 사랑을 가득 채우는 행위이다. 우리 안에 이미 존재하는 스스로를 치유할 수 있는 힘을 알아차리고 꺼내어 쓰기 위해 예열시키는 준비 작업이라고 해도 좋겠다. 나는 종종 이런 상상을 한다. 내 심장이 보이지 않는 하트 총으로 변신하는 상상, 부정적인 감정과 생각을 빨아들이는 하트 모양 진공청소기로 변신하는 상상. 아무리 쏘아도 무해한 총, 맞으면 오히려 자기를 더 사랑하게 되고 행복해지는 총, 모두가 서로를 더 보듬고 배려하는 총.

사실 이 하트총은 출근 전에, 회의나 여러 사람을 만나기 전에 짧은 호흡명상이나 주문을 외는 만트라 명상으로 내 안에 장착한다. 그러면 누구를 만나도 내 사랑으로 포용하겠다는 자신감이 솟아오른다. 진공청소기는 주로 오후에 등장한다. 처음에는 성능이 그저 그렇더니 이제는 제법 빠르게 마음속 쓰레기들을 대부분 빨아들인다. 특히 나의 두 번째 화살(상대방으로부터 들은 기분 상하는 말을 곱씹어서 망상으로 변질시킨 후 스스로를 더욱 괴롭히는 일)을 최단 시간에 흡입한다. 최근에 바쁘다는 핑계로 명상적 읽기를 소홀히 했다가 두 번째 화살에 맞은 적이 있는데 그래도 이틀 만에 뽑혔다. 축적된 명상의 힘이다.

명상적 듣기는 다른 일을 하면서 할 수 있다는 점에서 일석이조의 장점이 있다. 주로 출퇴근할 때 차에서, 집에서는 집안일을 하면서 했다. 유튜브를 통해 법륜 스님과 법상 스님의 말씀을 들으면서는 끊임없이 올라오는 망상을 깨부수고 맑은 생각의 틀을 유지하는 데 도움이 되었다. 언하대오! 스승의 법문을 듣다가 말끝에 스스로 깨닫게 된다는 뜻이다. 그게 지극히 평범한 내게도 때때로 일어났다. 물론 일어났다 또 금방 일상에서 잊어버리고 후회하는 일이 생겼지만 그래도 또 듣고 또 깨닫고를 반복했다. 지금도 쭉.

 팟캐스트 심리상담 방송 '참나원'을 통해서는 다양한 출연자들의 심리상담 내용을 들으며 상황을 자기중심적으로 바라보는 나의 태도를 인식하게 되었고 객관적인 해석 능력도 키울 수 있게 되었다. 일 년 정도 방송을 조용히 듣기만 하다가 작은 용기를 내서 신청서를 보내고 방송에 직접 출연한 적이 있다. 사실 거의 두 시간 동안 두 분의 상담사님들이 나의 무의식을 까발리는 느낌에 당혹스럽고 부끄럽기도 했다. 하지만 내 대부분의 심리적 괴로움이 교만이나 오만, 자존심과 같은 '만'에서 기인한다는 것을 알게 되었고 '뭣이 중헌디'라는 생각 전환을 위한 주문을 알게 된 귀한 경험이었다. 그것도 무료로.

 이처럼 명상적 읽기와 듣기를 통해 외부로만 향했던 내 시선을 내면으로 돌려 내면아이, 에고, 신성 등의 존재를 이해하고 명상의 방법과 효과에 대한 납득의 과정이 일어나니 이제 직접 명상을 실천하고 싶어졌다. 그때 발견한 게 '마보'라는 국내 최초 명상 앱이다. 여전히 가부좌를 틀고 앉아 명상할 만큼의 심적 여유는 없는 시기였다. 또한 실질적으로 명상이 필요한 시간과 이유는 관계 속으로 들어가기 전에 멘탈을 평온하게 또는 강하게 하는 멘탈 케어를 위한 것이었기에 짧게 그때그때 기분에 따라, 상황에 따라 들을 게 필요했다. 쓸데없이 상처를 받거나 말실수를 하고 싶지 않았으니까.

그래서 출근길에 잠깐, 직장에서는 회의에 들어가기 전에 잠깐, 퇴근길에 집에 들어가기 전에 잠깐. 이런 식으로 마보에서 흘러나오는 유정은 대표님의 편안한 목소리를 들으며 짧지만 강력한 마음챙김을 경험했다. 특히 나를 시작으로 주변 사람들, 더 나아가 살아있는 모든 존재들에게 건강과 행복을 기원해 주는 자비명상을 할 때는 아침부터 눈물을 쏟는 일이 잦았다. 그러면 비운만큼 가슴에 사랑이 가득 채워져 우리 반 아이들 하나하나를 내 안에 있는 나 자신들이라고 생각하고 힘껏 포옹해 줄 수 있었다.

모든 현상은 인연에 의해 일어난다고 했던가. 5년 전 우연히 유튜브 〈마인드풀 TV〉를 통해 정민님을 만나 드디어 방석 위에 앉아 가부좌를 하고 눈을 감고 하는 명상을 경험하게 되었다. 아침 6시경 아침 식사를 준비하기 전 10분 남짓 두 달 이상을 꾸준히 해 보았다. '아침을 시작하는 명상'과 '나의 무한한 힘을 일깨우는 아침 확언'을 하며 온몸에 긍정과 파워 에너지를 붓고 나면 잠이 부족해도 거뜬했다. 그때의 나는 정말 쉴 틈 없이 움직이고 여러 가지 일을 해도 지치지 않았다. 퇴근해서도 날아다니듯 집안일을 하는 나를 보고 남편이 한 말이 명상의 효과를 말해준다. "너 완전히 딴 사람 같아."

정말 그랬다. 무기력과 짜증이 일상이던 내가 완전 에너자이저로 변했다. 아니 울트라 파워 에너자이저로. 마음에서 내 몸무게만큼이나 되는 무엇이 쑥 빠져나간 느낌, 날아갈 듯 가벼운 느낌, 내 안에서 나를 괴롭혀 왔던 에고가 힘을 잃은 느낌이 들었다. 결국 쏟아부어온 스승들의 말씀이 강력한 무기와 주문이 되어 마음속 볼드모트(해리포터에 나오는 악당 최종 보스, 나는 해리포터를 볼 때마다 볼드모트가 꼭 에고를 형상화한 느낌이 들었다.)를 무찌른 것이다. 최진석 교수님이 〈장자 인문학〉 강의에서 한 말씀이 잊히지 않는다. "쌓고 쌓고 쌓다 보면, 두께를 가지면 자기 존재가 다른 존재로 이행한다. 존재적 차원의 질적 전환이 일어난다." 보잘것없던 내가 명상을 통해 이런 체험을 아주 작게나마 했다고 하면 너무 과한 해석일까?

　마지막으로 『마음의 요가』에서 그동안 내가 해 왔던 명상적 읽기와 듣기로 마음에 기초공사를 하는 방법을 가장 정확하게 표현한 대목이 있어서 적어본다.

> "우리는 이상에 대해 가능한 한 많이 들어야 합니다. 그것이 우리의 가슴과 뇌와 혈관 속으로 침투하여, 모든 핏방울을 자극하고 모든 땀구멍을 적실 때까지 말입니다. 또한 우리는 그것에 대해 명상해야 합니다. 가슴이 충만해져 입으로 말할 때까지. 그리고 가슴의 충만함으로 손이 일할 때까지 말입니다."

　매일 우리 내면을 위대한 스승들의 고차원적인 말씀으로 채우자. 볼드모트는 언제든 다시 귀환할 수 있다. 잊지 말아야 한다. 우리가 명상적 읽기와 듣기를 소홀히 해서 쌓인 부정적인 생각과 감정은 바로 에고의 밥이라는 것을.

'명상적 말하기'로 마음에 노란 자신감 칠하기

> "나는 나의 베스트 버전이 되는 과정에 있다."
> "나는 삶을 변화시킬 충분한 힘을 가지고 있다."

"내가 모르고 있던 나의 가능성들이 얼굴을 내밀기 시작했다."

"나는 행복과 사랑의 에너지를 끊임없이 방사한다."

읽는 순간 긍정의 에너지가 팍팍 느껴지지 않는가. 5년 전 아침마다 출근길에 운전하면서 주문을 외웠던 확언 중에 내가 가장 좋아한 문장들이다. 처음에는 유튜브 〈마인드풀 TV〉의 정민님이 한 문장을 먼저 말하면 정신을 바짝 차리고 있다가 종소리를 듣고 그대로 따라 말했다. 로봇처럼 톤과 억양까지 똑같이. 왠지 그래야만 할 것 같았다. 그래야 그녀처럼 평온해질수 있을 것 같았으니까. 거의 8분 동안 한 글자도 놓치지 않고따라 하고 나면 배꼽 아래에서부터 뭔가 뜨거운 에너지가 솟아오르는 기분이 들었다. 그때는 정말 그랬다. 마지막 문장처럼'오늘 나는 크기와 상관없이 삶에서 굉장히 중요한 한 발짝을내딛는' 기분이었다.

가끔 내가 너무 싫은 날 아침, 예를 들어 늦게 일어나 짧은아침 명상이나 운동도 못 하고 딸아이 아침 식사도 제대로 차려주지 못한 날이라든가 딸아이에게 불필요한 잔소리나 자존심 상하는 말을 해서 아이의 하루의 시작을 망쳐버린 것 같은날. 그런 날에는 일부러 주먹을 불끈 쥐고 '아싸!', '오케이!'등 추임새를 넣어 더 큰 목소리로 말하거나 랩을 하듯 리듬을 타며 주문을 외웠다. 기분을 긍정적으로 전환시켜서 마음만은 '최고의 나'인 상태로 출근을 하려는 것이었다. 『카렌 암스트롱, 자비를 말하다』에서 명상의 목적은 신이나 초자연적인 존재와 만나려는 것이 아니라 자신의 정신을 더욱 확실하게 통제하고, 파괴적 행동을 창의적으로 해소할 수 있도록 돕기 위한 것이라고 말한다.

나의 코믹 버전 확언 명상의 목적이 딱 그러했다. '나는 왜 이 나이 먹도록 내 시간 하나 컨트롤하지 못하는 모자란 사람일까', '내 아이의 비위 하나 못 맞추면서 무슨 선생을 하겠다고', '역시 난 나쁜 엄마야.' 등 파도처럼 거침없이 밀려오는 부정적인 생각을 창의적으로 날려버릴 수 있었던 것이다. 그렇게 말하기 명상을 마치고 나면 다시 내 안에 긍정의 에너지를 가득 채울 수 있었다. 여기에 하나 더 추가하자면, 혹시나 남은 부정적인 감정이 직장으로까지 번지지 않도록 이 주문을 반복해서 중얼중얼 외웠다. 마치 사랑의 마법사가 된 것처럼.
"나는 행복과 사랑의 에너지를 끊임없이 방사한다." "끊임없이 방사한다.", "방사한다."

운이 좋은 날에는 내면에서 나를 응원해 주는 소리도 들을 수 있었다. '그래 오늘의 네가 끝이 아니잖아, 내일은 잘해보

자. 노력하고 있잖아. 잘하고 있어. 너는 베스트 버전이 되는 과정에 있는 거야. 그러니 힘내서 또 오늘을 살아내자! 파이팅!' 내가 진짜 내 편이 된 그 가슴 벅찬 기분을 잊을 수 없다. 나의 작은 실수들을 스스로 봐주지 못하고 나 자신을 미워하며 벼랑 끝으로 모는 파괴적 행동을 멈춘 것이다. 내가 나를 용서하는 느낌. 내가 나에게 관대해진 느낌. 드디어 어둡고 칙칙했던 내 마음에 노란색 페인트가 환하게 칠해진 것이다.

이처럼 말하기 명상의 위력은 꽤 대단했다. 하지만 한 가지 확언 명상으로 몇 달을 지속하다 보니 예전만큼의 설렘이 느껴지지 않았다. 별 감흥 없이 습관처럼 읊조리게 되는 것이다.
명상도 재미가 있어야 지속할 수 있다. 새로운 말하기 명상이 필요했다. 그래서 찾은 게 영국 400대 부자이자 켈리델리라는 초밥 회사의 회장인 켈리 최의 '잠재의식을 깨우는 아침 확언'이었다. 이제는 부자가 되려고 시작했냐고. 천만의 말씀이다. 돈이든 성공이든 자기 극복이 끝났을 때라야 얻어지는 거란 걸 알기에 목적이 '부자'는 아니었다. 굳이 말장난을 하자면 '마음 부자'가 되려는 것은 맞다.

무엇이든 끌림이 있어야 시도해 볼 수 있지 않은가. 한마디로 말하면 그녀의 순수함과 열정과 진정성에 꽂혔다. 이것들은 모두 삶에서 아주 중요한 가치라고 생각하고 있고 나 자신도 살아가는 동안에는 결코 잃고 싶지 않은 삶의 동력이기 때문이다. 조금 어눌한 그녀의 한국어 발음마저 순수하게 느껴졌다. 바로 시작했다. 입에 착 달라붙는 느낌. 다시 설렘이 시작됐고 긍정의 에너지가 차올랐다.

"오늘도 즐겁고 기대되는 하루가 시작되었다."
"나는 오늘도 내가 원하는 모든 선한 일을 이룰 것이다."
"나는 내 꿈에 조금 더 가까이 다가가고 있다."
"나는 한 번 한다면 하는 사람이다."
"나는 충분히 똑똑하고 충분히 건강하고 충분히 용기 있다."

21개의 모든 문장이 나를 강하게 만들어 주었다. 이 문장들을 큰 소리로 따라 하고 나면 주먹에 힘이 불끈 들어갔다. 할 수 있다는 자신감과 빗속에서도 춤을 출 수 있을 것만 같은 담대함이 차올랐다. 있는 그대로의 나를 드러낼 용기도 생겼다. 나의 생각에 확신을 갖게 되었고 이는 직장에서 2년 동안 내가 고안한 프로젝트를 소신 있게, 비교적 성공적으로 끌고 갈 수 있는 원동력이 되었다. 그리고 어느 순간 나는 사람들에게 긍정의 에너지를 전염시키는 '긍정의 왕'이 되어가고 있었다.

큰 기대 없이 시작한 말하기 명상이 내게 엄청한 효력을 발휘하자 문득 이 좋은 걸 우리 반 아이들과 함께 하고 싶어졌다. 서정록의 『잃어버린 지혜, 듣기』에는 무릎을 탁 칠 만큼의 명쾌한 말하기 명상에 대한 효과가 나온다. "만트라(기도 또는 명상 때 외우는 주문)는 흔히 말하듯 반복에 의해서 그 힘이 길러진다고 한다. 기억하도록 반복하고, 우리의 욕망과 상념들을 잊기 위해 반복하고, 우리의 마음의 본성을 깨우치기 위해 반복한다. 그렇게 천 번, 만 번 반복한다. 그때 비로소 만트라는 그의 온몸의 세포와 뼈들을 진동시키고, 그의 온몸과 마음과 영혼에 공명을 일으킬 것이다. 그리고 마침내 그의 몸과 마음과 영혼을 변화시키고, 주위에 있는 다른 사람들의 영혼까지 변화시킬 것이다."

그렇다. 나는 분명 변했다. 알 수 없는 두려움과 수치심과 긴장감에 사로잡혀 불안에 떨던 나는 죽었다. 욱하고 순식간에 치고 올라오던 분노도 사그라들었다. 내게서 치유가 일어나자 이 공명을 우리 반 아이들에게도 전해주고 싶어졌다. 말할 힘만 있다면 돈 한 푼 들이지 않고 마음 건강을 챙길 수 있는 이 명상법을 어렸을 때부터 실천한다면 얼마나 삶이 행복하겠는가. 아이들도 머지않아 내면에 있는 에고로 인해 불편함을 느낄 날이 올 것이다. 내 마음이 내 마음 같지 않다고 여길 날들이. 그럴 때 이 마법의 주문이 에고를 무찌를 강력한 무기가되지 않겠는가. 현재 이 말하기 명상은 3년째 거의 하루도 빠짐없이 우리 반 아이들과 함께 수업 시작 전 몸풀기를 한 뒤마음 깨우기라는 이름으로 하고 있다.

"오늘도 즐겁고 기대되는 하루가 시작되었습니다."
"나는 나를 믿습니다."
"나는 건강하고 행복합니다."
"나는 충분히 똑똑합니다."
"나는 멋진 아이디어와 좋은 생각으로 가득합니다." 등등.

어린이 버전의 확언이다. 아이들의 목소리가 어찌나 찌렁찌렁 울리는지 가끔은 워워 하고 진정시킨다. 코로나에 걸렸다가일주일 뒤 등교한 여자아이가 한 말에 깊은 감동을 받은 적이있다. "선생님, 코로나 때문에 기침이 마구 나와서 너무 무서웠거든요. 그런데 선생님이 가르쳐주신 대로 눈을 감고 나에게말을 걸었더니 금방 평온함을 초대할 수 있었어요. 하나도 아프지도 않고 무섭지도 않았어요." 어찌나 말을 야무지고 예쁘게 하던지 아이를 꼭 안아주고 엄지 척도 해주었다. 너무 멋져서. 내가 없는 곳에서도 말하기 명상을 스스로 실천하는 그 용기가 대단해서. 잠시 청출어람이 떠올랐던 것 같기도 하고.

그런데 이 좋은 말하기 명상을 질리지 않고 계속하려면 어떻게 해야 할까. 아무리 마음에 드는 옷도 시간이 지나면 물리기 마련이지 않은가. 또 디테일이 복잡한 옷은 손이 잘 가지 않고 말이다. 그래서 찾은 답이 리폼과 셀프 제작이다. 특히 직장 내 관계 속에서는 감정을 조절해야 하는 일이 많고 예기치 않은 상황에서 타인의 부정적인 감정이 훅 빨려 들어오거나 내가 부정적인 감정을 불러들이거나 하는 상황이 많이 발생한다. 그때그때 바로 해소할 '퀵 명상'이 필요한 것이다.

고민 끝에 여기저기에서 주워들은 말들을 리폼하여 이렇게 짧게 만들어 보았다. 말만 하면 재미가 없으니 간단한 동작도 넣었다. (핑거스냅을 하며) 나 옳지 않아!(알아차림), (어깨를 으쓱하며) 그럴 수 있지!(허용하기), (두 팔을 토닥이며) 뭣이 중헌디!(집착 내려놓기), (두 손을 착 모으며) 재미를 찾자!(주파수 끌어올리기). 혼자 할 때는 말을 최대한 귀엽게 하고 동작은 크게 한다. 아무도 안 보는데 눈치 보지 않고 맘껏 귀염 좀 떨면 어떠랴. 요즘은 사춘기 딸아이를 대할 때 가장 많이 써먹는다. 내가 옳다는 생각이 올라오고 아이에게 잔소리를 하고 싶어질 때 바로 한다. 거의 복화술을 하듯. 최소한의 언쟁을 피할 수 있어서 좋고, 가끔은 서로 웃을 수 있으니 이보다 더 좋을 수 없다.

또 다른 방법으로 책 속에서 찾은 마음에 드는 문장을 직접 휴대폰으로 녹음하여 나만의 말하기 명상을 만들어 보는 건 어떤가. 나는 마리사 피어의 『나는 오늘도 나를 응원한다』에서 '평온함과 자존감 높이기'와 '자신감 높이기' 대본과 타락브랙의 『자기돌봄』에서 '자비명상' 대본을 녹음해서 들었다. 유튜브에 있는 명상음악을 틀어 놓고 내가 따라 할 수 있도록 한 문장 뒤에 그 문장 길이만큼의 여유를 두고 녹음했다. 저음에 중성적인 목소리와 어색한 억양이 마음에 들지는 않지만 그래도 듣다 보면 친근해진다. 내가 내 목소리를 받아들이고 좋아할 수 있게 된다. 그리고 이미 녹음된 나의 목소리는 내가 아닌 어떤 영혼의 목소리처럼 느껴진다. 지금의 내가 아닌 내면의 커다란 나, 최고의 나가 나를 이끄는 힘이 느껴진다고 해야 할까.

『낭송의 달인, 호모 큐라스』를 읽다 보니 알겠다. 고미숙 고전평론가는 책을 읽는다는 건 '말의 기예'를 터득하는 과정이라고, 말의 흐름에 접속하여 그 기운을 훔치기 위해 책을 읽어야 한다고 말한다. 맞다. 녹음 과정에서 내가 대본 속에 담긴 말의 기운을 훔친 거다. 좋은 도적질! 이제 그 힘은 내 거다. 자, 이제 우리 같이 용기를 내서 긍정의 기운을 훔치러 가 볼까. 나 자신을 위해. 사랑하는 가족을 위해. 내 주변의 모든 사람들을 위해.

'명상적 편지 쓰기'로 마음을 클렌징하고 핵인싸로 거듭나기

이 나이에 학창 시절 이후 한 번도 써보지 않은 일기를 강제적으로 써야 할 일이 있었다. 2년 전 책 쓰기 모임에서 출간일기라는 명목으로 사부가 내준 과제였다. 완벽주의 성향에 귀차니즘에다 '꾸물리즘'까지 있는 나로서는 매일 써야 하는 일기만큼 부담 백배인 숙제도 없다. 게다가 여러 사람들이 보는 블로그에 올려야 하니 생각만 해도 아찔했다. "작가(나)는 오로지 자신을 노출시킴으로써 존재하는 부류다……. 글을 쓴다는 건 자신을 소모하고 스스로를 걸고 도박을 한다는 뜻이다." 미국 최고의 에세이스트이자 평론가, 소설가인 수잔 손택의 『다시 태어나다』에서 그녀가 스물여섯 살 때 쓴 일기의 일부다. 나는 작가도 아니고 이제 막 책이라는 걸 써봐야겠다고 마음을 먹은 평범한 40대 여자인데도 딱 저 심정이었다. 노출과 도박! 빈약한 내 '글알몸'을 과연 내보일 수 있을까? 누가 쳐다봐 주기나 할까? 망신만 당하고 자존심 상해 다시는 글을 쓰고 싶지 않으면 어쩌지? 별별 생각에 불안했다.

문득 처음 참여해 본 글쓰기 모임에서 내 글을 보고 22살의

당찬 여대생이 했던 말이 떠올랐다. "선생님 글에서 장영희 교수님 냄새가 나요. 뭔가 장애를 딛고 일어서 자신이 극복한 지혜를 나누어 주고 싶어 하는……" 어찌 간파했을까? 내가 장영희 교수님만큼은 안 되지만 따뜻하고 위로가 되는 글을 쓰는 사람이 되고 싶다는 걸. 그래서 결심했다. 일기 대신 편지를 쓰자고. 장영희 교수님께 마음으로 부치는 편지를. 좋아하는 사람에게 편지를 써 본 적이 있다면 알 거다. 써 내려가는 내내 그 사람이 떠올라서 설레고, 시공간이 다른 곳에 있지만 왠지 그 사람과 연결되어 있는 느낌이 들어서 덜 외롭고, 편지를 다 쓰고 나면 그 사람이 이 편지를 받고 얼마나 행복해할지 상상이 되어 뿌듯하고.

그래서 시도한 편지식 일기는 이렇게 시작한다. "교수님, 제가 교수님이 지으신 책을 사랑한다는 걸 알고 계시나요? …… 사실 선생님을 꼭 뵙고 싶다는 생각을 했어요. 신체적 장애에 대한 사회적 편견을 보란 듯이 극복하고 영혼이 힘든 사람들을 위해 자신의 재능을 쓸모 있게 펼치시는 모습에 반했거든요. …….

마흔네 편의 편지를 쓰면서 글을 쓴다는 느낌보다 수다를 떤다는 느낌이 강했다. 어떤 말을 해도 수용해 줄 것 같은 넓고 따뜻한 어른 사람 앞에서, 물론 나 혼자 말하고 묻고 답하는 일방적인 대화였지만 오히려 상황이나 감정을 객관적으로 바라보고 스스로 괜찮은 해결책도 내놓을 수 있었다. 그 이유가 뭐였을까. 치유하는 글쓰기 연구소 박미라 대표의 『상처 입은 당신에게 글쓰기를 권합니다』에서 그 답을 찾았다. "생각과 감정을 글로 옮기게 되면 생각의 파도에 휩쓸리지 않으면서도 문제 해결을 위한 고민에 집중할 수 있게 된다. 다음 단계로 생각이 발전하는 것이다. '자, 그래서 내 고민의 핵심이 뭐였지? 근본적인 문제가 뭐지?' 그걸 찾아내고 나면 아마도 '그럼 어떻게 해결해야 하지?'라고 묻는 단계가 올 것이다."

이야기 속 주인공이 나이기는 하지만 그 이야기를 써 내려가는 사람은 '현재의 나'다. '과거의 나'를 한 발치 떨어져서 볼 수 있는 것이다. 비록 그날 낮에 겪은 에피소드가 부정적이었고 다분히 감정적이었다고 해도 결론은 이성적이고 담담하게 해피엔딩으로 마무리 지을 수 있는 거다. 자신을 비련의 주인공으로 억울해하며 자포자기 상태로 둘 것인지, 들장미 소녀 캔디나 빨강머리 앤처럼 극복과 긍정의 아이콘으로 변모시킬지. 그 최종 선택은 본인이 하는 거다. 오늘의 드라마 작가는 나니까.

이렇게 온전히 편지 쓰기에 푹 빠져 있다 보면 간혹 몇 시간이 지난 지 모를 때도 있었다. A4 4장에 빼곡히 쓰인 고민과 고민을 해결하기 위한 노력, 그리고 꽤나 합리적인 해결책까지. 길고 긴 고해성사를 한 느낌이 들기도 했다. 너무 심각하지 않은. 적당히 통통 튀면서 담백한. 마음이 씻겨져서일까. 두세 시간밖에 잠을 못 자도 하나도 피곤한지 몰랐다.

무엇보다 내 이런 솔직한 '글알몸'을 블로그에 올릴수록 덜 부끄러워졌다. 글을 쓰면서 마음이 정화될 때 고질적으로 가지고 있던 지나친 완벽주의와 과도한 인정 욕구, 두려움 등이 서서히 씻겨나간 것이다. '좋아요'와 댓글 개수에 일희일비하던 마음도 댓글 없이 '좋아요'만 두 개 있어도 감사했다. '세상에 나 바쁜 시간을 내서 내 모자란 글을 읽어주시다니' 더불어 이상적인 나를 내려놓고 현실의 나를 인정하고 칭찬해 주었다. '쓰레기 한 봉지 같은 글이라도 어때? 그래도 최선을 다해 써서 올렸잖아. 잘했어!'

이렇게 명상적 편지 쓰기의 맛을 보고 나니 실제 소통할 수 있는 대상에게 편지를 써 볼 용기가 생겼다. 그래서 썼다. 매주 금요일, 1학년 전체 학부모님들께. 코로나 시대라는 특수 상황에서 아이들을 입학시켜 놓고 학교에 방문조차 못한 채 불안과 걱정으로 힘들어하고 있을 부모님들의 마음을 편안하게 해드리고자 하는 취지였다. 시간이 지날수록 학교에서의 소소한 일상을 담은 편지에는 작은 성찰과 알아차림, 깨달음 등의 명상적 요소를 가미하게 되었다. 전혀 의도하거나 계획한 건 아니었다.

분명 시작은 내가 한 것 같은데 어느 순간부터는 내가 아닌 다른 무엇이 글을 끌고 가는 것 같았다. 깊게 몰입이 되면 나가 사라지는 경험을 한다고 하지 않나. 바로 그거였다. 특히 과거에 내가 딸아이에게 엄마로서 한 실수를 깊이 반성하며 우리 1학년 학부모님들은 같은 길을 걷지 않길 바라는 마음을 쓸 때는 더 그런 느낌을 받았다. 주책없이 눈물까지 줄줄 흘리며 쉼 없이 타이핑을 했으니까. 글을 쓰고 있는 참나(내면의 나)가 과거의 엄마인 나를 용서하고 여전히 죄책감을 느끼며 살아가는 현재의 엄마인 나와 화해시키는 느낌. 또한 나처럼 자녀에게 같은 실수를 반복하며 죄의식과 수치심에 괴로워하고 있는 엄마들까지 불러와 끌어안아 주는 듯했다.

모두가 퇴근한 시간 홀로 교실에 남아 사방이 어두컴컴해지는 줄도 모르고 편지를 쓰는 데 전혀 외롭지 않았다. 무섭지도 않았다. 더 큰 나와 상처를 지닌 나, 현재의 나, 또 다른 나들과 함께 교감을 하며 창조적 고독을 즐겼기 때문이 아닐까. 그렇게 2년간 이어진 행복 편지라는 이름의 명상적 편지 쓰기로 나는 오랫동안 나 자신에게 붙여놓은 '나쁜 엄마'라는 꼬리표를 떼냈다. 단순히 학부모님들을 위해 편지를 썼을 뿐인데 내 내면 깊이 남아있던 묵은 감정 찌꺼기를 배설하는 기쁨을 누리게 된 것이다. 과거 아픈 엄마였던 나와의 아름다운 이별! 그때의 심정은 2021년 12월 31일의 마지막 편지에 고스란히 남아있다. 그 일부다.

> "이 아이들을 통해 또 한 번 부모로서 교사로서 가야 할 방향을 봅니다. 속도로 섣부르게 사람을 재단하지 않기를. 억지로 끌고 가지 않고 아이가 준비될 때까지 기다려주기를. 답답해하기보다 아이가 준비될 수 있게 내가 뭘 할 수 있을지 고민하기를. 좀 버거운 일 앞에서는 야단치기보다 손을 잡아주기를. 힘들어하면 쉬었다가 가게 해 줄 여유를 갖기를. 어쩌면 이 말들은 내 부모가 혹은 내 주변 어른들이 우리에게 해줬으면 하는 바람이 아니었던가요?" ……

> "이렇게 변변치 않은 글을 올리게 된 나름의 이유는 있었답니다. …… 또 다른 개인적인 이유는 결핍에 대한 보상 같은 게 있었습니다. 그 시절 미숙한 부모여서 제 아이에게 잘못 주었던 사랑을 이제 조금 뭔가 알게 된 제가 우리 1학년 아이들과 부모님들에게 주고 싶

었던 겁니다. 혹시 저와 같은 부모님이 한 분이라도 계신다면 위로와 응원을 보내드리고 싶었습니다.

다 괜찮다고, 실수할 수 있다고, 이제부터라도 아이를 보기 전에 자신을 먼저 돌보라고, 자신을 더 많이 사랑해 주라고 어떤 경우에서든."

꺼이꺼이 울면서 토해내듯 썼던 것 같다. 그리고 찾아온 알 수 없는 개운함과 평온함. 몇 군데 오타나 띄어쓰기의 오류 따위는 더 이상 중요하지 않았다. 그런 사소한 자기 검열로 나를 쪼그라뜨리기에는 나는 마구 구겨도 구김이 가지 않는, 툴툴 털면 금세 펴지는, 꾸안꾸 룩의 대명사, 링클프리 흰 면티가 되었으니까.

요즘은 더 간편하게 입으로 명상적 편지 쓰기를 하기도 한다. 주로 대상은 직장에서 내게 성찰할 거리를 안겨주는 동료들이다. 설거지하면서, 집안 청소를 하면서, 거울을 보고 나이트 케어를 하면서 등. 아무 때나 어디에서든 할 수 있어 좋다. 최대한 흥분하지 않고 차분하게 내 감정과 고쳐줬으면 하는 점 등을 말하고 나면 보인다. 상대가 틀렸고 내가 옳다고 여기는, 상대를 제멋대로 통제하려는 그 녀석, 에고의 출몰이. '그래, 있는 그대로 바라보자. 그럴 수도 있지!' 다시 알아차림과 호

홉으로 에고를 수면 마취시킨다. 지긋지긋한 녀석, 불멸의 악
동을.

　얼마 전 회식 자리에서 한 젊은 동료 교사로부터 이런 말을
들었다.
　"선생님, 우리 학교 인싸잖아요."
　"내가 왜? 난 자발적 아웃사이더인데요."
　"에이 뭔 소리예요. 완전 핵인싸지. 문제점도 정확히 짚어내
고 대안책도 확실하게 내주고요. 자기애도 강해 보이고 자존감
도 높고."
　순간 속으로 놀랐다. '내가 그렇게 보였단 말인가', '이 나이
에 정말?'. 누구에게 잘 보이려고 노력하지 않고 눈치 보지 않
고 내 생각을 말하며 지냈을 뿐인데. 동료들이 불편해하는 점
들을 얘기하고 더 나은 업무환경을 만들고자 살짝 총대를 멨
을 뿐인데. 내 안목과 아이디어를 믿으며 자료들을 기꺼이 공
유했을 뿐인데. 그냥 나답게 지냈을 뿐인데.

　『하루를 살아도 행복하게』에서 안젤름 그륀 신부님이 말씀
하셨다. "우리는 자신을 즉각 변화시킬 수 없다. 변화는 서서
히 눈치채지 못하는 사이에 우리를 찾아온다." 명상적 편지 쓰
기를 하며 내 안을 비워냈더니 빈 공간에 '핵인싸 꽃'이 피었나

보다. 쥐도 새도 모르게 아주 조금씩. 천천히. 내게 있어 명상
적 편지 쓰기는 '우아하게 지적으로 혼자 북 치고 장구 치고'를
하며 내면의 찌꺼기를 클렌징하는 명랑한 은둔 작업이다. 이
얼마나 고급지고 즐거운 치유 놀이인가. 이 나이에 생각지도
못한 '핵인싸'라는 말도 들을 수 있고 말이다.

'명상적 춤'으로 뼛속까지 박힌 감정 찌꺼기 스케일링하기

"저 연습도 안 했고 도저히 부끄러워서 지금은 못 하겠어요.
마지막으로 할게요."

재작년에 지인의 소개로 최보결 선생님의 '방구석 랜선 힐링
춤 1기'에 참여했었다. 코로나 시국이기에 줌을 활용해 컴퓨
터 앞에서 선생님의 지도에 따라 몸을 움직이는 힐링 수업이었
다. 총 5회로 이루어진 수업이었는데 마지막 시간에는 자신이
직접 선택한 음악에 맞춰 자유롭게 춤을 추는 것이었다. 맙소
사! 그것도 모두가 보는 앞에서. 나의 주특기인 긴장과 불안이
다시 얼굴을 내밀었다. 사실 곡 선정도 안 했거니와 춤 연습도
하지 않은 상태였다. 그러니 다른 분들의 춤을 보면서 나의 즉
석 춤을 구상할 시간을 벌 요량이기도 했다.

드디어 내 차례가 왔다. 호흡명상으로 평상심을 찾고 말하기

명상으로 일어설 용기를 냈다. '은혜야, 쫄지마! 넌 할 수 있어! 까지껏 그냥 해 버려!' 음악은 그 시기에 가장 내 감성을 자극했던 '내 마음에 주단을 깔고', 〈싱어게인〉에서 30호 가수였던 이승윤 버전으로 했다. 왜 그랬는지 모르겠지만 옷도 위아래 올블랙으로 갈아입었다. 손목에는 스카프, 배꼽이 보일 듯 말 듯한 타이트한 윗옷에 통바지까지. 이건 무슨 90년대 패션인가. 지금 와서 돌이켜 보니 나는 춤 앞에서 잠시 20대로의 회춘 아니 회귀를 꿈꾸었던 것 같다.

거의 3분 40초가 어떻게 흘러갔는지 모른다. 가수가 만들어 낸 리듬에 몸을 맡겼다고 하면 적합한 표현이 될까. 우선 눈을 감았다. 타인의 시선을 의식하지 않겠다는 의도도 있었지만 내 안에 집중하겠다는 뜻이 더 강했다. 알 수 없는 손놀림, 고갯짓, 어깨와 몸의 꺾임, 터닝, 헤드뱅잉, 제멋대로 이리저리 왔다 갔다 살금살금 총총대는 두 발의 움직임, 온몸에 날개가 돋친 듯 가볍게 날아올라 두 다리를 모두 뻗은 점프 등. 나는 홀로 대지에서 춤인 듯 춤이 아닌 다양한 움직임들이 짬뽕이 된 정체불명의 춤을 추는 댄서가 돼 있었다.

"아래층에서 올라오겠다. 음악 꺼라. 혼자 뭔 난리야?"하며 소리치는 남편의 야유에도 멈추지 않았다. '말릴 테면 말려 봐

라. 나는 끝까지 내 길을 간다. 완성해 내고야 만다.', '나는 더 이상 쫄지 않는다. 누를 테면 눌러봐라.' 잠깐의 뚝심을 발휘한 뒤 곧바로 내 안으로 더 깊숙이 몰입했다. 그렇게 나는 '그 무엇'이 되어 3분 40초 동안 표현할 수 있는 온전한 나를 드러냈다. 최보결 선생님이 『나의 눈물에 춤을 바칩니다』에서 언급하신 자신의 본성을 감추고 긴장하며 즐거움을 보류하고 상처도 감추며 '감추는 것에 익숙한 몸'이 아니라 '드러내는, 표현하는 몸'을 체험하게 하고 싶다는, 춤을 통해 실현시키고자 하는 그 목적에 아주 가까이 다가간 것이다.

"20대 아이돌 같았어요. 무슨 공연을 본 느낌이에요."
"세상에나 그 엄청난 끼를 어찌 숨기고 살았을까요."
"넋을 잃고 봤네요. 정말 멋졌어요."
예상치 못한 반응이었다. 춤은 내게 부끄러움의 최고 수위의 영역에 있는 것 중에 하나이기 때문이다. 『몸이 나를 위로한다』에서 남희경 심리치료사님은 예술적 에너지원은 대체로 부정적인 감정으로부터 일어난다며 다음과 같이 덧붙인다. "분노의 질주, 결핍의 상처, 상실의 결핍감, 쾌감을 잃어버린 권태, 뼛골까지 사무치는 고독감과 같은 부정적 감정이 불씨가 되어 예술의 창작물로 다시 태어날 수 있다. …… 힙합댄스, 하카댄스, 플라멩코, 살풀이와 같은 춤은 대표적으로 분노를 승화시킨 춤이다." 그랬었구나. 아빠의 위력 앞에서 언제나 긴장하고 무력했던 어린 나의 분노, 누구에게도 털어놓지 못해 분노로 변한 내 불안하고 불편한 감정 덩어리들, 결핍감, 외로움 등이 진동하는 몸을 통해 뼛속까지 전달되어 밖으로 끄집어내진 것이다. 힙합댄스 같기도 하고 살풀이 같기도 하게.

눈물과 땀으로 범벅이 되고 벌겋게 상기된 내 얼굴이 줌 화면에 고스란히 띄워졌다. 그런데 그 얼굴은 너무도 해맑고 생기 가득한 아이의 얼굴이 아닌가. 동안 시술을 받은 것도 아닌데 말이다. 그 순간만은 분명 영해졌다. 아이다움은 본능이자 살아있는 감각이고 생명력이라고 한다. 그 아이다움이 되살아난 것이다.

춤을 추는 동안 줌 화면 속 관객들 외에 또 한 명의 관객이 있었다. 바로 딸아이다. 아이는 제 방에서 공부를 하다 말고 나와 나의 춤을 처음부터 끝까지 곁에서 관람하며 무언으로 응원해 주었다. 아마도 내가 부끄러움을 이겨내고 혼신의 힘을 다할 수 있었던 것도 엄마이기에 가능하지 않았을까 싶다. 나는 음악과 하나가 된 자유로운 춤과 몰입감을 보여주며 아이에게 이런 메시지가 전달되길 바랐다.

'무엇에도 얽매이지 마라. 언제든 너 자신이 돼라. 너를 아프게 하고 속박했던 모든 말들을 털어내고 당당히 너의 길을 가라. 너 자신을 믿어라. 너는 너 자체로 온전히 아름답다.'

춤이 끝나자마자 딸아이는 내게 이렇게 말했다.
"엄마, 너무 아름다웠어요. 야생에서 자유롭게 뛰어노는 한 마리 검은 말 같았어요. 진짜 하나의 예술 작품을 보는 것 같았어요." 그 누구의 피드백보다 영광스럽고 의미가 있었다. 아이는 나를 닮아 타인의 눈을 많이 의식하고 타인의 평가에 예민하며 완벽주의에 자기 검열도 심한 편이다. 그래서 긴장도가 높아 마음이 굳어 있는 만큼이나 몸도 굳어 있는 편이었다. 초등학생이 된 이후 춤추는 것을 거의 본 적이 없으니까.

아이도 춤을 통해 자신의 몸과 친해지고 몸을 통해 마음을 보길 바랐다. 엄마처럼 몸치여도 자기만의 흥과 필로 몸을 움직여 춤이라는 것을 만들고 출 수 있으며 거기에서 해방감을 맛보는 걸 몸소 보여주고 싶었다. 뜻은 통했다. 아이는 언젠가부터 유튜브를 TV로 연결하여 여자 아이돌들의 춤과 운동 유튜버들의 춤을 따라 하며 춤에 푹 빠졌다. 이제는 발레까지 배우며 안 쓰던 몸을 쓰면서 조금씩 내적 편안함과 즐거움을 느낀다. 춤은 분명 몸과 마음을 연결하는 마법의 양탄자다.

사실 내 아이에게 춤을 전도할 정도로 춤의 매력에 빠진 계기가 있었다. 3년 전 글쓰기 모임 동기들과 함께 떠난 북투어에서 마음 치유 센터 대표이신 수녀님을 통해 춤 명상을 체험했었다. 처음에는 달빛 아래에서 몽환적인 인도 명상 음악에 맞춰 수녀님의 춤 동작을 따라 했다. 이어서 두 명씩 짝을 이루고 서로 거울이 되어 동작을 따라 했고 이후에는 다 같이 큰 원을 만들고 한 명씩 원 가운데로 들어가 춤 동작을 하면 모두가 따라 하는 형식을 취했다. 우리는 모두 맨발이었고 자신이 허락한 만큼 가면을 벗어던졌다.

마지막에는 자유롭게 춤을 추었는데 이 순간에 나는 처음으로 타인의 눈을 모조리 떼어버리고 나 자신도 놓아버리고 무아지경에 빠지는 체험을 했다. 완벽한 자유로움! 함께 추는 춤이 끝났는데 나는 끝나지 않았다. 대자연 속에서 홀로 춤과 사랑에 빠져 움직이고 또 움직였다. 밤의 냄새, 풀이 닿는 감촉, 바람을 가르는 소리, 달빛 아래 내 몸의 그림자 등에 매혹되어. 마치 창조적인 여성의 원형인 아프로디테가 내면에서 깨어난 것처럼.

그날의 기이한 체험은 나를 최보결 선생님의 '털기춤'으로 이끌었다. 우연히 유튜브를 검색하다가 발견한 털기춤 영상을 보고 집에서 바로 해보기 시작했다. 방문도 닫고 눈도 닫고 몸과 마음만 활짝 열고. 최보결 선생님이 책에서 언급한 털기춤의 원리와 효과는 이렇다. 몸을 살살 위아래로 흔들고 털면 뼈가 흔들려 그 진동들이 파동을 일으키고 온몸으로 퍼져나가 굳어 있던 뼈와 근육이 말랑말랑해지면서 마음까지도 말랑말랑해진 다. 뼈 사이사이에 끼어 있던 오래 묵은 독소들이 빠져나가고, 긴장된 근육이 움켜쥐고 있던 억압, 두려움, 분노와 슬픔의 감 정들이 풀려나가기 시작하는 거다.

  맞다. 뼛속 구석구석에 끼인 감정 찌꺼기까지 빠져나온다. 개운하다. 치과에서 스케일링한 것처럼. 내가 직접 경험한 털 기춤은 몸에 예의를 갖춘 춤이자 배려의 춤이었다. 처음에 몸 을 천천히 털며 미세한 진동을 몸에 보내는데 나는 이게 몸에 말을 거는 것처럼 느껴졌다. "똑똑, 몸아, 나는 이제부터 털기 춤이라는 걸 출 거야. 몸 이곳저곳을 내 마음대로 움직이게 될 텐데 놀라지 마. 너와 더 친해지려는 거야. 너를 더 자유롭게 해 주려는 거야. 널 치유해 주려는 거야." 이 얼마나 아름다운 인트로인가. 시간이 지나면서 털기는 손끝에서 목, 어깨, 팔, 양팔, 다리, 발, 온몸으로 향한다. 점점 격동적이고 더 자유롭 게. 마치 행사장의 춤추는 풍선 인형처럼.

정말 신기했다. 털기춤을 할 때마다 순간적으로 무아를 경험했고 저 깊숙한 곳에서 올라오는 뜨거운 눈물을 쏟아냈다. 거의 6개월 동안 주 2~3회 정도 털기춤을 추면서 내 마음은 훨씬 가벼워졌다. 춤은 이제 일상이 되었다. 설거지를 하다가, 빨래를 널다가, 출근하다가, 직장 화장실에서 손을 씻다가, 차 안에서 운전하다가. 저절로 몸이 움직였다. 카이스트 출신의 도연 스님은 제대로 명상을 하고 있을 때는 오히려 기운이 넘치게 되며 신나고 재밌는 놀이로 느낄 것이라고 했다. 맞는 말이다. 춤명상이 딱 그렇다. 이하이의 '한숨'처럼 슬픈 노래든, 아이유의 '팔레트'처럼 신나는 노래든 좋아하는 음악을 틀어놓고 막 흔들면 된다. 우울할 때 기분 전환하기에 이만한 약이 또 있을까.

『그리스인 조르바』에서 조르바가 했던 말을 이젠 조금 알 것 같다. "나는 아무것도, 아무도 안 믿어요. 오직 조르바만 믿어요. …… 내가 조르바를 믿는 까닭은 내가 조정할 수 있는 유일한 놈이기 때문이죠. 나는 오직 그놈만을 잘 알 뿐, 다른 것들은 모두 헛것들이에요." 춤명상을 하면서 내 안의 내가 내 몸을 자유롭게 움직이고 부정적인 감정과 생각들도 그 자리에서 바로 털어내면서 내가 내 몸과 마음을 조정할 수 있는 주인이라는 경험을 했다. 춤을 추다 보면 현재 생생하게 살아 움직이는 내 몸과 춤만 남는다. 나머지 생각들과 감정들과 주변의 모든 것들은 다 헛것들이 되어버리는 거다.

몸은 우리가 이번 생에 빌려 쓰는 집이라고 한다. 이제 그동안 우리가 대여한 이 비루한 몸에 걸친 가짜 옷은 벗어던지자. 대신 그 몸에 '애쓰지 않아도 자동적으로 명상이 되는', '단순하지만 확실히 순수해지는' 춤 명상을 입히자. 아디야샨티는 진정한 명상은 어떠한 기법에 숙달하는 것이 아니라, 통제를 포기하는 것이라 했다. 춤 명상은 별 기법을 익히지 않아도 된다. 그냥 막춤을 추다 보면 모든 부정적인 것들에 반응하지 않고 그것들이 스스로 붕괴되는 것을 알게 된다. 이거야말로 진짜 명상이 아니겠는가. 어찌 됐든 무슨 명상이든 하고 보자. 하다 보면 마음의 주름은 다 펴지고 빛나는 나를 되찾을 것이다. 마침내 치유는 끝났다. 그러니 우리에게 주어진 두 번째 삶을 멋지게 살아내자. 두려움 없이 더 용감하게 자유롭게. 삶 속으로 당당히 뛰어 들어가 우리의 잠재력을 펼치며 살자. 이 제부터가 진짜 시작이다!

셀프 치유로 내 삶의 영웅이 되어 봐요

"넌 이제 할머니야. 늙어가지고 무슨⋯⋯."

며칠 전 남편의 무미건조하면서도 뾰족한 말화살이 제 가슴을 스쳐 잠시 속상했던 적이 있었습니다. '그의 눈에 비친 내가 그렇게 늙어 보이나?', '내가 그렇게 매력이 없나?' 등 쓸데없는 생각이 잠깐 저를 괴롭혔죠. 밝고 쾌활한 저의 기분마저 침울해져 직장에서까지 불편감을 느끼니 안 되겠다 싶었습니다.

"도대체 왜 나한테 할머니라고 하는 건데. 그 말 들으면 기분이 안 좋아. 그런 표현 안 해줬으면 좋겠어. 그리고 당신이 그렇게 생각하든 말든 난 여전히 젊고 아름답거든. 당신이 자신을 할아버지라고 느낀다고 나까지 할머니로 엮지 마. 그리고 여보도 할아버지 아니야. 아직은 충분히 젊거든."

이렇게 제 감정과 생각과 요구사항과 그를 향한 시니컬한 칭찬까지 가슴속에 담아둔 말을 다 내뱉었어요. 그리고 돌아온 그의 대답은 이렇게 허무했죠.

"야, 너 바보냐? 장난이잖아."

다정한 사과나 따뜻한 위로는 없었어요. 하지만 이상하게 마음이 편안해졌죠.『모두에게 사랑받을 필요는 없다』에서 웨인 다이어가 한 말이 문득 떠올라서였을까요. 부부끼리 자신의 내면을 이해해 주기를 바라는 마음이 터무니없는 기대라는 걸 깨달으면 부부는 서로를 온전히 이해할 수 없는 외로운 존재임을 자각하게 된다는 말이요. 사실 그의 장난 섞인 말에는 그 또한 자신의 나이듦에 대한 낯섦과 서글픔과 외로움 등이 반영되었던 게 아니었을까요. 그렇게 생각하니 그를 향해 연민과 묘한 동질감마저 느껴져 마음속이 사랑으로 다시 가득 차올랐습니다. 그렇게 24시간이 채 지나기 전에 저는 다시 제 행복을 되찾았지요.

그래요. 더 이상 타인의 시선과 반응에 '쉽게' 휘둘리지 않습니다. 더 이상 제가 자신을 '이따금' 괴롭히지도 않아요. 아직은 완벽하게 치유된 것도 아니고 언제나 평온함 속에 머물며 현명한 선택만 하는 건 아니에요. 하지만 결핍이나 원망, 분노

나 우울과 같은 부정적인 감정과 결탁하지 않을 힘이 생겼고, 이들이 방문하더라도 금세 알아차리고 최장 하루를 넘기지 않고 놓아버릴 만큼의 의연함 같은 게 생겼습니다.

몇 달 전 독일 화가 안젤름 키퍼의 개인전에 다녀왔습니다. 가을과 겨울의 나무와 낙엽이 분명 어둡고 쓸쓸하고 고독감을 느끼게 했지만 저는 그 속에서 밝은 빛과 하얀 희망과 사그라지지 않는 붉은 열정을 보았습니다. 적나라하게 드러난 시커먼 얼룩을 보고도 어두운 상처로만 연상이 되지 않았죠. 오히려 다시 깨끗하게 정화되어 이듬해 봄에 그 위에서 초록빛 새 이파리가 돋아나는 광경이 상상되더라고요. 그때 저를 쓰다듬으며 조용히 이렇게 말해주었어요. '아 이제 내 안에 맺힌 게 거의 없구나. 대부분 소화가 되었구나. 셀프 치유를 해 온 효과가 드러나는구나. 애썼다.'

이제 우리를 짓눌렀던 그래서 내 아이에게까지 나쁜 영향을 미쳤던 모든 상처와 결별하도록 해요. 새로운 내가 되기 위한 성장통쯤으로 여기고 이제 넘어서도록 해요. 치유가 시작되면 분명 나는 더 이상 예전의 나가 아니랍니다. 다시 태어나는 거예요. 한 번의 생에서도 우리는 무수히 다시 태어날 수 있다고 해요. 우리가 새로운 나로 살겠다는 마음만 먹는다면요. 리사 콩던의 『우리는 매일 새로워진다』에 조이 가레마니라는 작가가 나옵니다. 그녀는 20년간 치과의사로 살다가 쉰 살의 나이에 전업작가가 되어 작가로서 다양한 상을 수상하고 현재도 열심히 소설을 쓰고 있죠. 그녀는 자신의 나이를 열여섯 살이라고 말해요. 첫 책이 출간된 2000년이 되어서야 진정한 삶을 살기 시작했기 때문이라면서. 그녀의 나이 셈에 따르면 저는 아직 0살이에요. 태어나지도 않았죠. 하지만 셀프 치유로 내 안을 정화했고 자기 자신으로서 진정한 삶을 살기로 마음을 먹었으니 갓 태어날 준비를 하고 있는 맑고 깨끗한 영혼이라 할 수 있지 않을까요?

이제 여러분 차례예요. 저는 여러분이 저처럼 여러분만의 의미 있고 재미있고 지속 가능한 치유의 방법들을 직접 찾아 나서길 바랍니다. 그리고 여러분이 찾은 새로운 치유 방법을 다른 사람에게 공유하길 바랍니다. 『나는 나를 괴롭히지 않겠다』에서 융 푸에블로는 영웅에 대해 이렇게 정의해요. 자신의 상처를 스스로 치유하고 다른 사람에게 그 방법을 알려주는 사람, 자신을 알고자 하는 사람, 자신을 있는 그대로 마주하려는 사람, 자신을 포함한 모든 존재를 조건 없이 사랑하고자 노력하는 사람, 그런 사람이 곧 영웅이라고요.

이 영웅의 여정에 함께 가지 않을래요? 제가 곁에서 손을 잡아 드릴게요. 한없이 너그러운 두 손으로요. 혹시 제 부족한 글에서 아주 작은 깨달음이라도 얻으셨나요? 자기 치유를 위한 용기가 생기셨나요? 한 가지 놀이 방법이라도 직접 실천해 보셨나요? 만약 그렇다면 여러분은 벌써 반은 성공하신 거예요. 저처럼 모자라고 느린 사람도 해냈고 새로운 나로 재탄생했으니 여러분은 분명히 더 빠르고 쉽게 해내실 수 있을 거예요. 부디 여러분이 셀프 치유로 새롭게 태어나길 온 마음을 다해 응원합니다. 우리 잊지 말기로 해요. 우리가 그토록 되고자 하는 좋은 엄마란 '진정한 나'로서 하루하루 행복하게 살아가며 내 아이도 자기답게 살아갈 수 있도록 본보기가 되는 '아름다운 뒷모습'을 보여주는 엄마라는 걸.

Check intagram for Event & Goods!

instagram. gingertea0115

publisher　　instagram

엄마가 그랬다면 이유가 있었을 거야

초판발행 2023년 7월 7일
지은이 생강차(고은혜)　**펴낸이** 최대석
펴낸곳 행복우물　**출판등록** 제307-2006-14호
주소 경기도 가평군 경반안로 115
전화 031-581-0491　**팩스** 031-581-0492
전자우편 book@happypress.co.kr
값 18,000　ISBN 979-11-91384-50-5

선생님도, 일기를 씁니다

웃는샘

30대 후반. 몸은 벌써 다 자란지 오래다.
하지만 마음은 아직 자라고 있어서,
어른이라고 말할 수 없었다.

바닷가 마을에서 그림 일기를 쓰는
웃는샘이 들려주는 따뜻한 이야기들

"오늘도 독박 육아 당첨이다.
퇴근길. 나는 다시 출근한다"

언제까지 이렇게 엄마로만 살 수는 없다.
조금만 생각을 바꾼다면 나를 위한 시간은
충분히 만들어 낼 수 있다

장새라

오늘도
아이와
함께
출근합니다

오늘도
아이와 함께
출근합니다

오늘도
아이와 함께
출근합니다

장새라

장새라 에세이

오늘도 독박 육아 당첨이다.
퇴근길. 나는 다시 출근한다.

언제까지나 이렇게 나를 잃어버린채 살 수는 없다.

"엄마가 느끼는 죄책감"

버리라고 말하지만 버려지지 않는다는 것을 잘 안다.
나 역시 마찬가지다. (……) 당신은 잘못한 것만 기억하지만
아이들은 좋은 것만 기억한다는 사실.

_ 본문 중에서

MOSES CODE
모세의 코드

제이슨 타이먼

3500년간 감추어졌던 비밀이 드디어 세상에 공개된다

중고시장에서 30만 원에 거래되던 바로 그 책!

전국 서점 종교/역학 분야 베스트 셀러

**Best Seller Author
James Twyman's book**

세상에서 가장 강력한
끌어당김의 법칙